中國古代鹽運聚落與建筑研究叢書

中国古代盐运聚落与建筑研究丛书

丛书主编　赵逵

山东盐运古道上的聚落与建筑

赵逵　郭思敏　著

四川大学出版社
SICHUAN UNIVERSITY PRESS

图书在版编目（CIP）数据

山东盐运古道上的聚落与建筑 / 赵逵，郭思敏著
. — 成都 : 四川大学出版社，2023.9
（中国古代盐运聚落与建筑研究丛书 / 赵逵主编）
ISBN 978-7-5690-6173-4

Ⅰ. ①山… Ⅱ. ①赵… ②郭… Ⅲ. ①聚落环境—关系—古建筑—研究—山东 Ⅳ. ① X21 ② TU-092.2

中国国家版本馆 CIP 数据核字 (2023) 第 110657 号

书　　名：山东盐运古道上的聚落与建筑
Shandong Yanyun Gudao Shang de Juluo yu Jianzhu
著　　者：赵　逵　郭思敏
丛 书 名：中国古代盐运聚落与建筑研究丛书
丛书主编：赵　逵

出 版 人：侯宏虹
总 策 划：张宏辉
丛书策划：杨岳峰
选题策划：杨岳峰
责任编辑：李　耕
责任校对：梁　明
装帧设计：墨创文化
责任印制：王　炜

出版发行：四川大学出版社有限责任公司
地址：成都市一环路南一段 24 号（610065）
电话：（028）85408311（发行部）、85400276（总编室）
电子邮箱：scupress@vip.163.com
网址：https://press.scu.edu.cn
审 图 号：GS（2023）3790 号
印前制作：成都墨之创文化传播有限公司
印刷装订：四川宏丰印务有限公司

成品尺寸：170mm×240mm
印　　张：11.25
字　　数：172 千字

版　　次：2023 年 9 月 第 1 版
印　　次：2023 年 9 月 第 1 次印刷
定　　价：78.00 元

扫码获取数字资源

四川大学出版社
微信公众号

“文化线路”是近些年文化遗产领域的一个热词，中国历史悠久，拥有丝绸之路、茶马古道、大运河等众多举世闻名的文化线路，古盐道也是其中重要一项。盐作为百味之首，具有极其重要的社会价值，在中华民族辉煌的历史进程中发挥过重要作用。在中国古代，盐业经济完全由政府控制，其税收占国家总体税收的十之五六，盐税收入是国家赈灾、水利建设、公共设施修建、军饷和官员俸禄等开支的重要来源，因此现存的盐业文化遗产也非常丰富且价值重大。

正因为盐业十分重要，中国历史上产生了众多的盐业文献，如汉代《盐铁论》、唐代《盐铁转运图》、宋代《盐策》、明代《盐政志》、《清盐法志》、近代《中国盐政史》等。与此同时，外国学者亦对中国盐业历史多有关注，如日本佐伯富著有《中国盐政史研究》、日野勉著有《清国盐政考》等。遗憾的是，既往的盐业研究主要集中在历史、经济、文化、地理等单学科领域，而从地理、经济等多学科视角对盐业聚落、建筑展开综合研究尚属空白。

华中科技大学赵逵教授带领研究团队多次深入各地调研，坚持走访盐业聚落，测绘盐业建筑，历时近二十年。他们详细记录了每个盐区、每条运盐线路的文化遗产现状，绘制了数百张聚落和建筑的精准测绘图纸。他们还运用多学科研究方法，对《清盐法志》所记载的清代九大盐区内盐运聚落与建筑的分布特征、形态类别、结构功能等进行了系统研究，深入挖掘古盐道所蕴含的丰富历史信息和文化价值。这其中，既有纵向的历时性研究，也有横向的对比研究，最终形成了这套“中国古代盐运聚落与建筑研究丛书”。

“中国古代盐运聚落与建筑研究丛书”全面反映了赵逵教授团队近二十年的实地调研成果，并在此基础上进行了理论探讨，开辟了中国盐业文化遗产研究的全新领域，具有很高的学术研究价值和突出的社会效益，对于古盐道沿线相关聚落和建筑文化遗产的保护也有重要的促进作用，值得期待。

（汪悦进：哈佛大学艺术史与建筑史系洛克菲勒亚洲艺术史专席终身教授）

2023 年 9 月 20 日

序二

人的生命体离不开盐，人类社会的演进也离不开盐的生产和供给，人类生活要摆脱盐产地的束缚就必须依赖持续稳定的盐运活动。

古代盐运道路作为一条条生命之路，既传播着文明与文化，又拓展着权力与税收的边界。中国古盐道自汉代起就被官方严格管控，详细记录，这些官方记录为后世留下了丰富的研究资料。我们团队主要以清代各盐区的盐业史料为依据，沿着古盐道走遍祖国的山山水水，访谈、拍照、记录无数考察资料，整理形成这套充满“盐味”的丛书。

古盐道延续数千年，与我国众多的文化线路都有交集，“茶马古道也叫盐茶古道”“大运河既是漕运之河，也是盐运之河”“丝绸之路上除了丝绸还有盐”，这样的叙述在我们考察古盐道时常能听到。从世界范围看，人类文明的诞生地必定与其附近的某些盐产地保持着持续的联系，或者本身就处在盐产地。某地区吃哪个地方产的盐，并不是由运输距离的远近决定的，而是由持续运输的便利程度决定的。这背后综合了山脉阻隔、河运断续、战争破坏等各方面因素，这便意味着，吃同一种盐的人有更频繁的交通往来、更多的交流机会与更强的文化认同。盐的运输跨越省界、国界、族界，食盐如同文化的显色剂，古代盐区的分界与地域文化的分界往往存在若明若暗的契合关系。因为文化的传播范围同样取决于交通的可达范围，盐的运输通道同时也是文化的传播通道，盐的运销边界也就成为文化的传播边界，从"盐"的视角出发，可以更加方便且直观地观察我国的地域文化分区。

另外，盐的生产和运输与许多城市的兴衰都有密切关系。如上海浦东，早期便是沿海的重要盐场。元代成书的《熬波图》就是以浦东下沙盐场为蓝本，书中绘制的盐场布局图应是浦东最早的历史地图，图中提到的大团、六灶、盐仓等与盐场相关的地名现在依然可寻。此外，天津、济南、扬州等城市都曾是各大盐区最重要的盐运中转地，盐曾是这些城市历史上最重要的商品之一，而像盐城、海盐、自贡这些城市，更是直接因盐而生的。这样的城市还有很多，本丛书都将一一提及。

盐的分布也带给我们一些有趣的地理启示。

海边滩涂是人类晒盐的主要区域，可明清盐场随着滩涂外扩也在持续外移。滩涂外扩是人类治理河流、修筑堤坝等原因造成的，这种外扩的速度非常惊人。如黄河改道不过一百多年，就在东营入海口推出了一座新的城市。我从小生活在东营胜利油田，四十年前那里还是一望无际的盐碱地，只有"磕头机"在默默抽着地底的石油。待到研究《山东盐法志》我才知道，我生活的地方在清代还是汪洋一片，早期的盐场在利津、广饶一带，距海边有上百里地，而东营胜利油田不过是黄河泥沙在海中推出的一座"天然钻井平台"，这个平台如今还在以每年四千多亩新土地的增速继续向海洋扩张。同样的地理变迁也发生在辽河、淮河、长江、西江（珠江）入海口，盐城、下沙盐场（上海浦东）、广州等产盐区如今都远离了海洋，而江河填海区也大多发现了油田，这是个有意思的现象，盐、油伴生的情况也同样发生在内陆盆地。

盐除了存在于海洋，亦存在于所有无法连通海洋的湖泊。中国已知有一千五百多个盐湖，绝大多数分布在西藏、新疆、青海、内蒙古等地人迹罕至的区域，胡焕庸线以东人类早期大规模活动地区的盐湖就只剩下山西运城盐湖一处，为什么会这样？因为所有河流如果流不进大海，就必定会流入盐湖，只有把盐湖连通，把水引入海洋，盐湖才会成为淡水湖（海洋可理解为更大的盐湖）。人类和大型哺乳动物都离不开盐，在人类早期活动区域原本也有很多盐湖，如古书记载四川盆地就有古蜀海，但如今汇入古蜀海的数百条河流都无一例外地汇入长江入海，古蜀海消失了；同样的情景也发生在两湖盆地，原本数百条河流汇入古云梦泽，而如今也都通过长江流入大海，古云梦泽便消失了；关中盆地（过去有盐泽）、南阳盆地等也有类似情况。这些盆地现今都发现蕴藏有丰富的盐业资源和石油资源，推测盆地早期是海洋环境（地质学称“海相盆地”），那么这些盆地的盐湖、盐泽哪里去了？地理学家倾向于认为是百万至千万年前的地质变化使其消失的，可为什么在人类活动区盐湖都通过长江、黄河、淮河等河流入海了，而非人类活动区的盐湖却保存了下来？实际上，在人类数千年的历史记载中，“疏通河流”一直都是国家大事，如对长江巫山、夔门和黄河三门峡，《水经注》《本蜀论》《尚书·禹贡》中都有大量人类在此导江入海的记载，而我们却将其归为了神话故事。从卫星地图看，这些峡口也是连续山脉被硬生生切断的地方，这些神话故事与地理事实如此巧合吗？如果知晓长江疏通前曾因堰塞而使水位抬升，就不难解释巫山、奉节、巴东一带的悬棺之谜、悬空栈道之谜了。有关这个问题，本丛书还会有所论述。

盐、油（石油）、气（天然气）大多在盆地底部或江河入海口共生，海盐、池盐的生产自古以日晒法为主，而内陆的井盐却是利用与盐共生的天然气（古称“地皮火”）熬制，卤井与火井的开采及组合利用，充分体现了我国古人高超的科技智慧，这或许也是中国最早的工业萌芽，是前工业时代的重要遗产，值得深度挖掘。

本丛书主要依据官方史料，结合实地调研，对照古今地图，首次对我国古代盐道进行大范围的梳理，对古盐道上的盐业聚落与盐业建筑进行集中展示与研究，在学科门类上，涉及历史学、民族学、人类学、生态学、规划学、建筑学以及遗产保护等众多领域；在时间跨度上，从汉代盐铁官营到清末民国盐业经济衰退，长达两千多年。开创性、大范围、跨学科、长时段等特点使得本丛书涉及面很广，由此我们在各书的内容安排上，重在研究盐业聚落与盐业建筑，而于盐史、盐法为略，其旨在为整体的研究提供相关知识背景。据《清史稿》《清盐法志》记载，清代全国分为十一大盐区：长芦、奉天（东三省）、山东、两淮、浙江、福建、广东、四川、云南、河东、陕甘。因东北在清代地位特殊，长期实行“盐不入课，场亦无纪”，而陕甘土盐较多，盐法不备，故这两大盐区由官府管理的盐运活动远不及其他九大盐区发达，我们的调研收获也很有限，所以本丛书即由长芦等九大盐区对应的九册图书构成。关于盐区还要说明的是，盐区是古代官方为方便盐务管理而人为划定的范围，同一盐区更似一种“盐业经济区”，十一大盐区之外的我国其他地区同样存在食盐的产运销活动，只是未被纳入官方管理体制，其“盐业经济区”还未成熟。

十八年前，我以“川盐古道”为研究对象完成博士论文而后出版，在学界首次揭开我国古盐道的神秘面纱，如今，我们将古盐道研究扩及全国，涉及九大盐区，首次将古人的生活史以盐的视角重新展示。食盐运销作为古代大规模且长时段的经济活动，对社会政治、经济、文化产生了深远的影响。古盐道研究是一个巨大的命题，我们的研究只是揭开了这个序幕，希望通过我们的努力，能够加深社会公众对于中国古代盐道丰富文化内涵的认知和对于盐运与文化交流传播关系的重视，促进古盐道上现存传统盐业聚落与建筑文化遗产的保护，从而推动我国线性文化遗产保护与研究事业的进步。

于哈佛

2023年8月22日

QIAN YAN

盐，这一常见但又不可或缺的物质，已成为人们日常生活的必需品。但鲜为人知的是，盐业税收是古代封建朝廷财政收入的重要来源，可以说盐关乎整个国家、社会和人民的命运。

前言

我们深入山东故地考察，惊讶地发现在黄河下游、泰山脚下，竟然还留存有众多盐业生产遗迹和隐藏在山川与河流间的古盐道。我们如今常见的盐，在过去深刻影响着每一个聚落甚至每一名村民。繁华散尽，留下的是那一个个名称中含有“灶”“滩”“坨”的盐业聚落，向我们无声地讲述着曾经那段辉煌的盐业历史。

山东产盐历史久远，相传，盐宗夙沙氏（一说宿沙氏）“煮海成盐”，由此开创中国海盐生产的先河。春秋时期，齐国的管仲便制定“官海”政策，即国家对盐进行垄断性经营。明清时期，山东盐区销售范围覆盖今天的鲁、豫、苏、皖四省，域内的大小清河在黄河夺袭入海前一直是山东重要的食盐运销通道，将海盐源源不断地输送至运河，再转运内陆。繁荣的食盐运销形成稳定的盐运路线，山东古盐道不仅成为沿海与内陆地区物资互换的通道，还是传播不同地域文化的重要媒介。古道因盐而生又因盐而盛，既为运盐又不只运盐，既传播文化又能自成文化，对沿线聚落与建筑影响深远。

在本书中，笔者首先对山东盐业的相关原始文献资料进行了系统的梳理，以明清时期《山东盐法志》及各类相关盐政史料为主，结合大量的历史地图、史籍与地方志，对山东盐业的产、运、销各环节进行全流程研究；其次，通过实地调研进一步验证文史资料的真实可靠性，利用实例与文献二重证据法力求还原最接近真实状态的山东古盐道全貌，进而呈现聚落、建筑与文化交融变迁的过程。

中国区域文化的交融无不是沿着一定的线路而进行的，如陆运商贸走廊丝绸之路、茶马古道、川盐古道，又如水运商贸航道长江、黄河、大运河等，它们一起构建了中华文明版图的大框架，形成了串联各个文化区域的交通网络。山东以盐运分区为底本形成文化分区，以古盐道为线路进行文化交流，而聚落与建筑则是留在古盐道上的历史文化的有形实体，通过研究聚落与建筑文化的传承及演变关系，可使真实的历史在传统聚落与建筑中逐渐浮现。

本书能够出版，首先应该感谢赵逵工作室的全体成员，是大家的共同努力和研究积累，丰富和充实了本书内容。特别要感谢张钰老师，她在团队实地调研过程中给予了全方位的后勤支持，在书稿策划、出版协调过程中付出了大量的精力和心血。对边疆同学在后期书稿修订和孟姝凡同学在地图整理与信息标示方面付出的努力，对哈佛燕京图书馆善本部王系老师提供的史料支持，在此也一并致谢。

我们必须认识到，山东古盐道虽以运输和销售山东海盐为主要目的，但它同时也是鲁、豫、苏、皖等诸多区域间互通互融的重要文化线路。在各学科领域均对文化线路持续关注的今天，通过整体分析山东古盐道及其沿线聚落与建筑，定能为该区域的文化遗产保护与研究提供广阔多元的视野。

目
录
MU
LU

目录

第一章

山东盐业概述

本书所探讨的清代山东盐区，据嘉庆《山东盐法志》记载，包括山东全省，河南归德府的八州县（今商丘、宁陵、鹿邑、夏邑、永城、虞城、睢县、柘城县）和卫辉府的考城（今民权县），安徽凤阳府的宿州，江苏徐州府的铜山（今徐州市铜山区）等（图 1-1）。

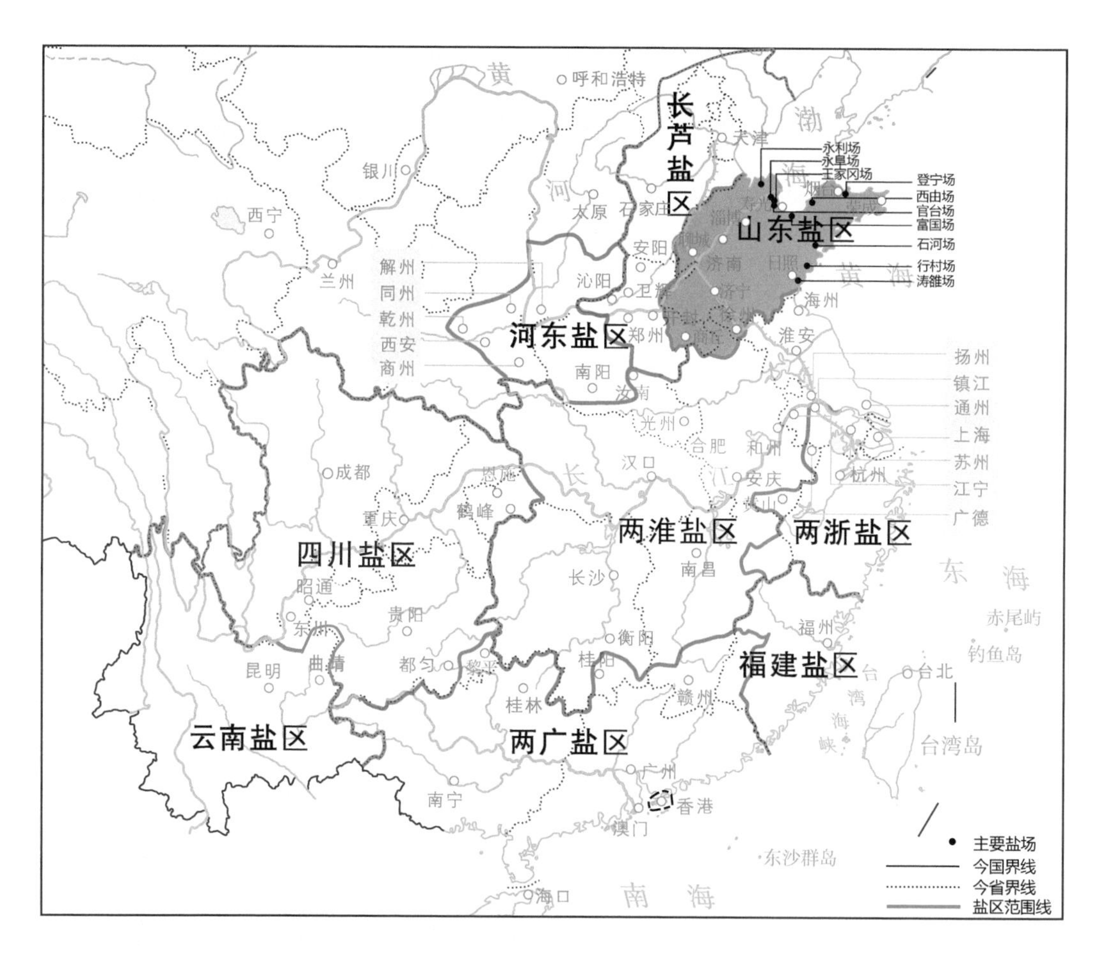

图 1-1　清代全国九大盐区范围及山东盐区主要区域与重要盐场位置示意图①

① 各盐区的范围在不同时期不断有调整，本图是综合清代各盐区盐法志的记载信息绘制的大致示意图。具体研究时，应根据当时的文献记载和实践情况来确定实际范围。

第一节

山东盐区概况

山东产盐历史久远，盐宗夙沙氏“煮海成盐”，由此开创中国海盐生产的先河。明清时期，山东亦是北方海盐重要产区，其产盐区北起无棣县大口河，南至日照市绣针河，销售范围覆盖今天的鲁、豫、苏、皖四省，海盐被源源不断地从产地输送至内陆，并逐渐形成特定的行盐线路。作为区域经济的重要支撑，盐业对我国封建社会时期山东的社会经济发展有着重要作用。山东盐运线路以山东东部沿海各产盐地为起点，辐射到今天的鲁、豫、苏、皖等地，对相关行业的人员流动、沿线盐业聚落的演变发展、沿线建筑文化的交流互融都有着深远影响。

一、山东盐区的自然地理条件

（一）山形地貌

山东盐区西北部和北部为平坦的河流冲积平原，中部为隆起的泰沂山脉，东部和中南部分别为胶东丘陵及鲁中南丘陵区，呈现出平原、山地、丘陵间隔分布的地貌特征。其中中部的泰沂山脉呈倒“C”字形，主要由泰山、鲁山、尼山、沂山、蒙山组成，将山东盐区大致分割为东西两个独立的地理单元。东部包括今山东的潍坊、烟台、威海、日照、青岛等地，西部包括今山东的聊城、菏泽、济宁、德州等地。

（二）水文条件

船运是中国古代重要的交通运输方式，河流对食盐运输起着关键性作用。历史上，山东境内曾出现的与盐业密切相关的河流，既包括东西走向的济水、大清河、小清河等自然河流，它们是食盐自东向西运输的主干；也包括南北走向的胶莱运河、大运河等人工河流，它们是为方便食盐运输至内陆再向南或向北分散的补充形式。当然，这些河流并不是同时存在，也并不是长久地畅通无阻，它们的变迁与通航情况都对盐运线路影响很大。

明清时期山东境内河流主要有黄河（1855 年后夺大清河入渤海）、马颊河、徒骇河、汶河、小清河、沭河、沂河、潍河、五龙河、大沽河、泗河等，这些河流大都与山东运河[①]相接，有效解决了山东运河水源不足的问题。山东的湖泊主要分布在今鲁西平原和鲁中南丘陵区的过渡地带上，其中面积较大的湖泊主要有东平湖和南四湖（由南而北依次为微山湖、昭阳湖、独山湖、南阳湖），这些湖泊都曾经作为山东运河的水柜，在航运与调蓄方面起到不可替代的作用。

（三）海盐资源

山东三面环海，绵长的海岸线使得山东渔盐之利甲天下，其中渤海湾南部海滩平坦广阔，胶东半岛及鲁东南海岸线蜿蜒曲折、港湾众多，这些区域均非常适合盐业生产，自古就是重要的盐产地。明嘉靖年间山东巡按御史马津曾言：“济、兖迤东并青、莱、登三府，负山濒海，其民以沙、矿、鱼、盐为利。”

---

① 山东运河，一称“鲁运河”，指京杭大运河流经山东的部分河段，北起冀、鲁边境的临清，南至苏、鲁边境的台儿庄。

济南府利津县濒海，明代设有永阜、丰国、宁海三大盐场，文人甄敬《公署即雨拟泛海未遂》一诗形象地描述了利津盐田万里仿佛“千门雪”的盛大景象：

村市依流曲复斜，土墙茅屋带烟霞。
潮声夜动千门雪，盐蕊晴开万顷花。
斥地经春无草木，商船入夏足鱼虾。
观风暂驻皇华节，泛海难从博望槎。

二、山东盐区的产盐历史

我国史籍最早记载的食盐生产活动便发生在山东境内，《太平御览》卷八六五引《世本》称：“宿沙作煮盐。”炎帝（一说神农氏）时诸侯宿沙氏因首创用海水煮制食盐而被尊为“盐宗”。《尚书·禹贡》中记载，夏朝时青州“海滨广斥……厥贡盐絺”，盐曾被作为古青州的贡品献给中央王朝。及至西周，中国东部沿海海盐业已颇具规模，据《史记·齐太公世家》记载，周初太公望姜尚封于齐后，“因其俗，简其礼，通商工之业，便鱼盐之利，而人民多归齐，齐为大国”。至春秋中期，齐相管仲献“官山海”之策，即施行盐铁专卖制度。齐国通过管理盐的产、运、销诸多环节并收取巨额盐税，最终发展为国强民富的泱泱大国，连司马迁也不禁感慨“齐桓公用管仲之谋，通轻重之权，徼山海之业，以朝诸侯，用区区之齐显成霸名”[①]。

秦汉时期的大一统王朝开始实行全国范围的盐铁专卖制度。据《汉书·地理志》记载，西汉共有34县设盐官，18县是海盐产区，而山东有11县为海盐产区，占到全国海盐产区总数的一半以上。魏晋南北朝时期政局动荡不安，而可以用来

① （西汉）司马迁：《史记》卷三十二，中华书局，1982年，第1442页。

充作军费的盐利更为各政权所重视，南燕慕容德在青州称帝，凭借的也是山东丰富的海盐资源。

隋唐两代山东盐业虽能稳步发展，但安史之乱后全国经济重心南移，全国海盐生产重心也从渤海和黄海沿岸转移至东海和南海沿岸，两淮盐区渐渐取代了受战乱影响的山东盐区。此后五代混战与宋金对抗都造成了山东盐区的持续衰败，同时山东的海盐生产技术也落后于两淮、两浙，诸多不利因素的叠加使山东盐区逐渐失去领先地位。

元明清时期，山东盐业生产规模持续扩大，从日照一直到渤海的无棣，凡是适合制盐的地方都有盐场。然而总体来看，山东盐区仍不及南方诸盐区。此时，河间盐区也是异军突起。数据显示，天历年间两淮之盐岁办正余盐 95 万余引，两浙之盐岁办 45 万引，河间之盐岁办 40 万引，山东之盐以 31 万引位列第四。[①]

中国的海盐业从山东起源，随着历史的发展和技术的进步，山东盐业的生产规模在不断扩大，山东盐区在全国的地位也在不断变化，经历了从起源之地到核心之地再到地位逐渐降低的整个过程。

三、山东盐区盐场情况

《明史·食货志四》提及明代各盐区的制盐方法各不相同，而山东之盐“有煎有晒”。煎盐与晒盐技术的并行，使山东盐区的产盐量大大增加，并在洪武年间稳居全国第四。

明朝山东盐区因袭元制，有“盐场十九，各盐课司一”[②]，

① 数据来自（明）宋濂等：《元史》卷九十四《食货二·盐法》。

② （清）张廷玉等：《明史》卷八十，中华书局，1974 年，第 1933 页。

这些盐场大部分都位于大小清河河口或沿海，以便运输，其中以位于大清河河口利津县境的永阜（今山东垦利西）、丰国（今利津汀河）、宁海（今垦利县境）三大盐场产盐最丰、地位最高。

《清史稿·食货志》记载："清之盐法，大率因明制而损益之……山东旧有十九场，后裁为八。"[①] 山东盐场历经四次精简裁并后稳定为八场。盐场数量锐减并不代表山东盐业倒退，而是通过合并产盐量少、逐渐荒废的盐场来集中人员，促进主要盐场的生产。清代山东八大盐场分别为：涛雒、石河、西由（一作"西繇"）、王家冈、官台、永阜、永利和富国。其中永阜盐场为原利津三场合并，"南北运引地六十六州县，额引五十余万道，皆在永阜一场春配，为东盐菁华所萃，余场仅配春票盐"[②]，永阜场可称八场之首（图 1-2）。

① 赵尔巽等：《清史稿》卷一百二十三，中华书局，1976年，第3603页。
② （清）杨士骧修，（清）孙葆田纂：《山东通志》卷八十六，民国七年排印本。

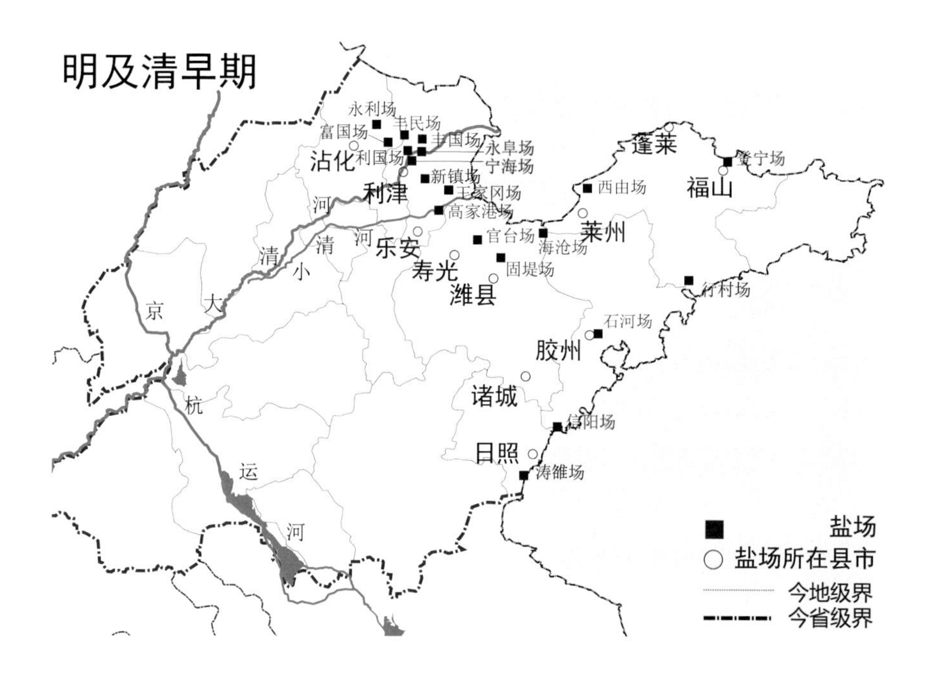

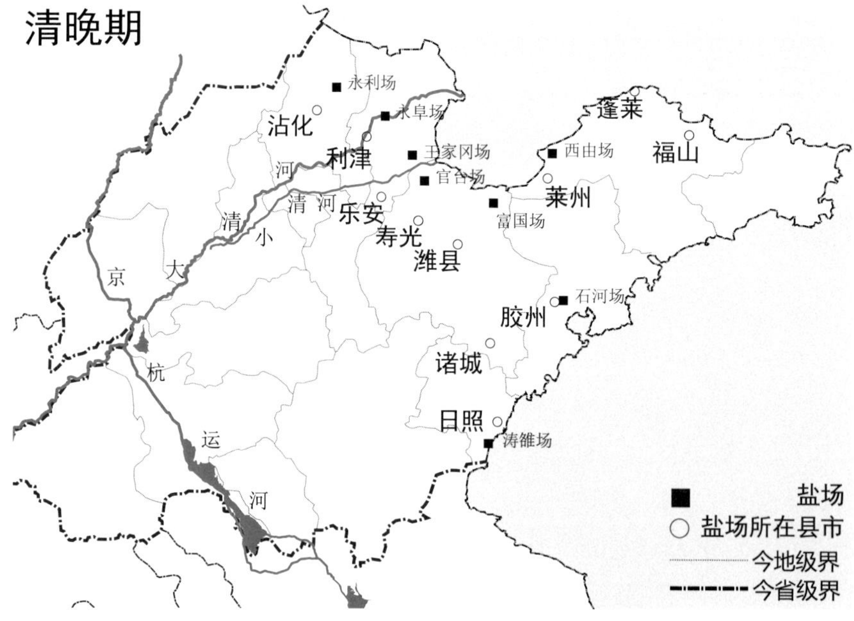

图 1-2　明清山东盐区盐场分布变化示意图

第二节 山东盐业管理

一、山东食盐运销

为了保障稳定的盐课收入和盐商专营权，明清政府为每个产盐区划定“行盐疆界”。盐商在指定盐场领盐并依照固定线路进行食盐运销，不可跨区活动。行盐疆界依据前朝习惯以及行盐路线的便利性而确定，与行政区划不完全相同，能更直观地反映古代交通运输能力与历史地理环境的制约状况。

山东盐区行盐疆界覆盖今天的鲁、豫、苏、皖四省地界，明代“盐行山东，直隶徐、邳、宿三州，河南开封府，后开封改食河东盐”[①]；清代仍行销此四省，即山东全省，河南归德府的八州县、卫辉府的考城，安徽凤阳府的宿州，江苏徐州府的铜山等。总体来讲，由明至清山东盐区的行盐疆界相对稳定，本省疆界并无变化，而外省如河南、安徽等地疆界稍有缩减，如清巡盐御史李粹然曾奏请：“向行东盐之河南开封府属仪封、太康、通许、兰阳、杞县，改隶长芦运司。”清代山东盐区的行盐疆界之所以有所缩减，其中既有以河流为主的盐道变迁更替的原因，也有明清长芦、河东等其他北方产区盐业兴盛，其行盐疆界逐步在河南等地扩张的原因。

① （清）张廷玉等：《明史》卷八十，中华书局，1974年，第1933页。

二、山东盐法制度

从全国层面来看，各大盐区行盐疆界划分明确，相互不得掺越；从各盐区自身来看，其行盐疆界又可分为“省内范围”和“省外范围”。明清时期，山东盐区的省内范围都是山东全省，没有变化，但由明至清，山东盐区的省外范围有所缩小（参见图 1-3）。

明清时期，食盐行销以引盐法为主导，即商人拿盐引至指定盐场领盐并在规定范围内销售。延及明嘉靖时期，政府又在许多交通不便的地区实行票盐法，以应付这些区域商销者少、食盐积压严重的问题。与引盐法不同，在票盐法施行的区域，食盐运销者不只限于西商（山西与陕西盐商）、徽商等资金雄厚的外地大盐商，而是无论何人只要缴纳规定盐税，即可在指定盐场领票运盐贩卖，尤其是在票盐法施行初期，山东票商多是贫苦的盐场灶民，至清代才渐有家境殷实的本地商贩参与进来。

以行盐制度划分，山东盐区内部又可分为引盐区和票盐区。山东东部多山地丘陵，尤其是官台等盐场“舟楫难通，商贩不至”，故明朝规定在登州、莱州、青州三府实行票盐制。清代山东盐业引票分治的局面趋于成熟，引盐区与票盐区大致以泰沂山脉相隔。泰沂山脉以西为引盐区，范围包括山东 5 府 2 直隶州 48 州县 1 卫、河南 9 州县、江苏 5 县、安徽 1 州共 64 州县（卫）。泰沂山脉以东为票盐区，范围包括山东 9 府 57 州县（图 1-3）。

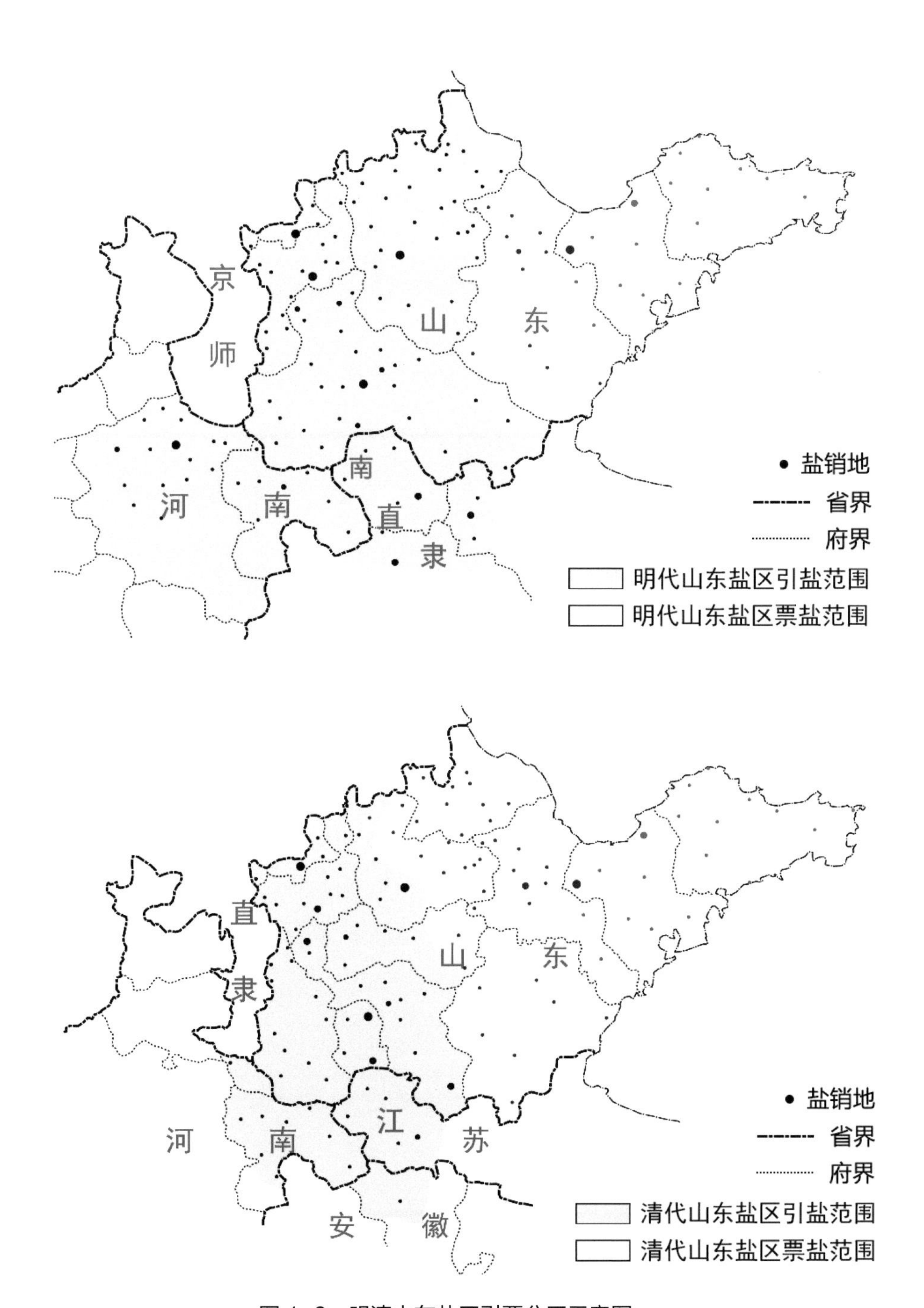

图 1–3 明清山东盐区引票分区示意图

引盐运途远、课税重，运盐需水陆兼济，只有来自山陕、徽州的盐商世家才有实力承包运输。票盐运途短、课税轻，运盐以车运和驮运为主，多由山东本地商贩和散民贩卖，故票盐运销因贩卖人员的不同又分为商运与民运（见表 1-1）。

表 1-1　清代山东盐区引、票盐制对比

盐法制度	盐商	运途	课税	运输方式	运输范围
引盐制度	外地富商	较远	较重	水陆兼济，以水路为主	省会以西、以南及他省地界
票盐制度	本地商贩	稍近	稍轻	以车运为主	鲁北、中地区
	灶户百姓	盐场附近	轻	以驮运为主	胶东沿海盐场

引票分治制度实际上是国家盐业政策在不同地区因地制宜的表现。票盐法解决了商旅不行地区的食盐滞销问题，同时能较好地调动盐场灶户的生产积极性，可谓一举多得。明清两代票盐法的施行使得山东盐区内逐步形成了传统的外地商人持盐引销售食盐与本地商民持盐票销售食盐这两种不同的食盐销售方式，山东盐区内部也因此产生了引盐区与票盐区两个次级食盐运销分区，引、票盐区在盐道分布、盐业经济与盐商文化方面都存在着各自特点。

第三节

山东盐商及其活动

一、山东盐商

明清山东盐商即明清山东盐区内从事盐业经营的山东籍及外省商人。这些盐商根据所持有的运销许可的不同又可分为引商与票商。前文已有提及，山东引商多为远道而来的外省商人，“招自远方，世代相传”[①]，其活动范围为鲁西北、鲁西南诸引地，覆盖山东运河及其周边区域；票商在明至清中期“皆土著，必亲邻出具保结，方能承充，有力则当，无力则退，客商不能干预”[②]，清后期则“毋论土著客籍，必择赀厚人善”。票商活动范围为鲁中山区及胶东半岛的广大区域，无论是通都大邑，还是穷乡僻壤，都有票商贩盐的身影（表 1-2）。

为了实现官督商销，明清朝廷通常凭借盐商组织对当地具体盐务进行间接管理。这些盐商组织又名“商纲”，主事之人称为“纲头”或“纲首”，由家道殷实又有公信力的大盐商担任。在山东盐务中，引商一直设有商纲，仅数目稍有变化；票商开始并无商纲，至乾隆年间才设六纲以集中管理。

① （清）崇福修，（清）宋湘等纂：《山东盐法志》卷九，清嘉庆十四年刻本。

② （清）王守基：《盐法议略》卷一，滂喜堂丛书本。

表 1-2　明清山东引、票商对比

盐商类型	时间	籍贯	来源	主要活动范围	管理
引商	明清	半系客籍，皆有引窝	富有商帮	鲁西诸地	设立商纲，推举纲首，由运盐使司监管
票商	明至清中期	皆土著，必亲邻出具保结	灶户百姓为主	鲁中、鲁东诸票地	不设商纲，由州县地方衙门监管
	清后期	毋论土著客籍，必择赀厚人善	殷实良户为主		设立商纲，加强管理，与引商无异

二、山东盐商的行盐地界及活动范围

（一）引商的盐业经营与活动范围

山东引商的销盐活动主要集中在运河沿线，且不同时期引商中各商帮的活跃程度和势力范围各有不同，以徽商及西商最为典型。

1. 徽商的盐业经营与活动范围

盐业历来是徽商经营的主要行当。在明代之前，徽商就在两淮地区世代经营盐业，根基稳固，财力雄厚，随着会通河（元代运河山东段）的畅通，他们凭着地理优势迅速沿大运河北上进入山东盐区扩张势力范围。汪、黄、吴姓盐商均是长期活跃于山东运河沿线的徽商翘楚，其中汪氏族谱自称汪氏门中子弟“尝命掣鹾淮越，假是而游江湖者数年，于徐、扬、青、兖、齐、楚鲜不遍历”[1]，可见汪氏经营盐业虽以淮越为大本营，但后人几乎遍布山东运河全域（图 1-4）。

① 张海鹏、王廷元：《明清徽商资料选编》，黄山书社，1985 年，第 218 页。

徽商在山东的盐业经营活动主要集中在运河沿线的大型水运节点与商业枢纽城市，如临清、济宁（图 1-5 至图 1-7）等，其次是张秋这类位于交通节点上的码头市镇。在距离运河稍远的农业型村镇中很少能看到徽商销盐的印迹，而这也是清代徽商群体后来在山东的盐业贸易市场逐渐被山陕商人取代的主要原因。

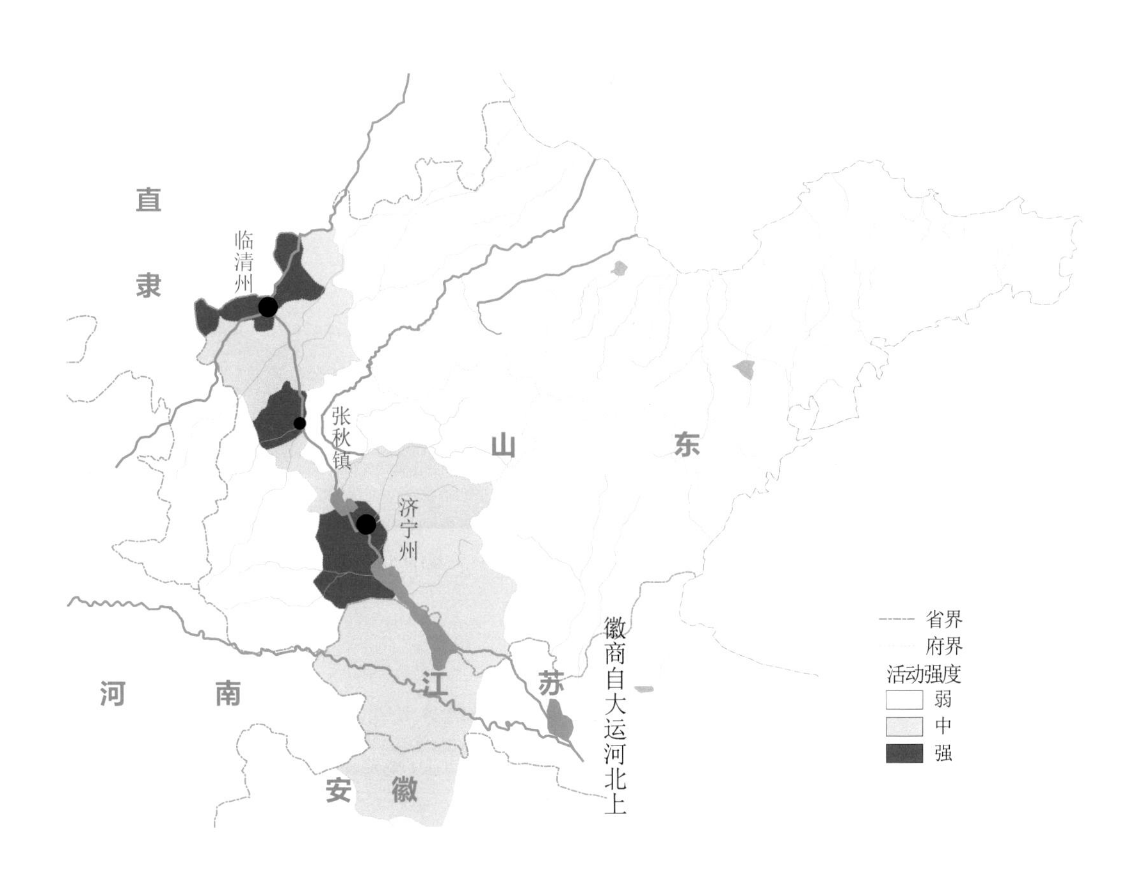

图 1-4　清代山东盐区徽商盐业活动密度图

图 1-5　临清中州商业区与砖闸码头

图 1-6　山东运河临清段

图 1-7　山东运河济宁段

2. 西商的盐业经营与活动范围

西商从明中后期起顺着卫运河或陆路大规模进入山东盐区。作为明朝开中制的极大受益者，资金雄厚的山陕商人在山东运河沿线广泛进行盐铁、丝绸、茶叶及药材等商贸活动。入清以后，西商不再局限于运河附近的商业枢纽城市，而是大举挺进运河周边城乡市场。清代山陕盐商在山东活动范围之广、分布之密集远超保守行事的徽州盐商（图 1-8），如今在山东运河沿线大部分城镇仍能找到许多山陕盐商参与捐建的会馆庙宇建筑遗存（图 1-9）。

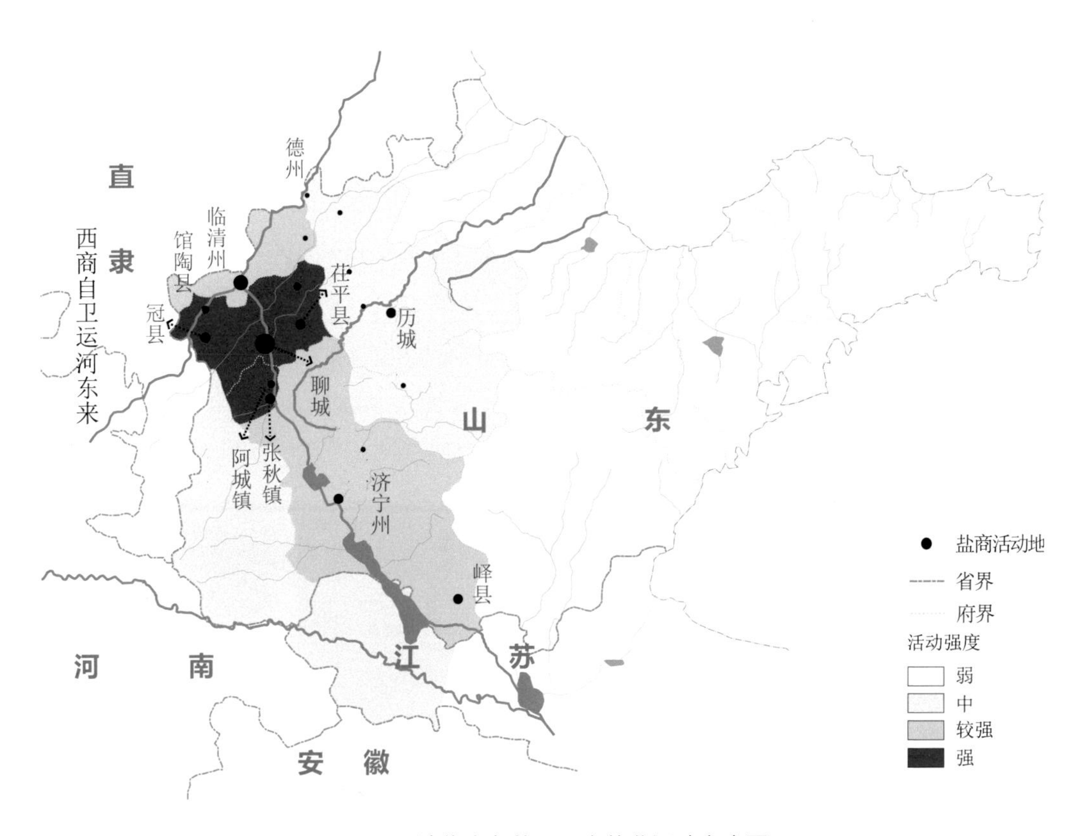

图 1-8　清代山东盐区西商盐业活动密度图

图 1-9　聊城山陕会馆与东关街

首先，靠近卫运河与山东运河相接处的东昌府是清代山陕盐商汇聚的大本营，包括聊城、临清、张秋、冠县、茌平等运河城镇。聊城“殷商大贾，晋人为多”，茌平县全县引票为山西盐商占有三分之一，馆陶县城西南隅有山西会馆，县中盐铺、当铺、铁铺、布庄、杂行、钱店等生意多被西商所控制。阿城为大清河与山东运河交汇处的盐运码头，镇中山陕盐商占籍大半，并筹资捐建了规模庞大的海会寺与盐运司（图 1-10），展现出其傲人的财力。

图 1-10　聊城市阳谷县阿城镇盐运司

其次，山东运河南北两端是清代西商分布次密集的场所，包括南端的济宁、峄县、宁阳与北端的齐河、陵县、恩县等地，尤其在海盐自大清河进入山东运河南运出省至河南、安徽、江苏所经的鲁西南区域中，西商都占据着垄断或主导地位。清代，济宁盐商虽以徽商为主，但西商也能保有一定势力，二者在济阳大街东首与河南商人共建了规模宏大的三省会馆。峄县经营食盐和典当的多山西人，直至晚清，山陕盐商在峄县的活动仍较为活跃，“自道光以来，领运者多山右巨贾”[①]。

最后，鲁中的历城（济南）、泰安、益都（青州）等距离运河较远的区域也有山陕盐商活动的印迹，但在以票盐行销为主的潍县、烟台等东部地区则少有山陕盐商踏足，这也是引票分治、引商不入票区的盐业制度所致。

（二）票商的盐业经营与活动范围

明初行票盐制度，盐贩以山东本地各盐场灶户和附近百姓为主体，在胶东偏远地区沿路驮盐贩卖。该时期，依赖这些穷苦百姓拉动的票盐经济完全无法比拟引盐经济的繁荣，明万历时票盐制度甚至一度“寻复中废”，这主要是因为灶户无力缴银和官吏剥削过重，而这也从另一个角度反映了掌握资本的盐商在食盐运销与盐业经济中的重要作用。延至清代，票商的身份开始发生变化，不再限于盐场灶户，本地“殷实良商”亦可从事票盐运输，政府开始设立商纲以加强对山东票商的管理，资格的放宽和管理的加强促进了山东票商的崛起。在清中后期，因为海禁放宽，不少票商趁机牟取私盐暴利，故其在沿海的盐业经营活动十分频繁（图 1-11）。

① （清）王振录、（清）周凤鸣修，（清）王宝田纂：《峄县志》卷十三，（清）光绪三十年刻本。

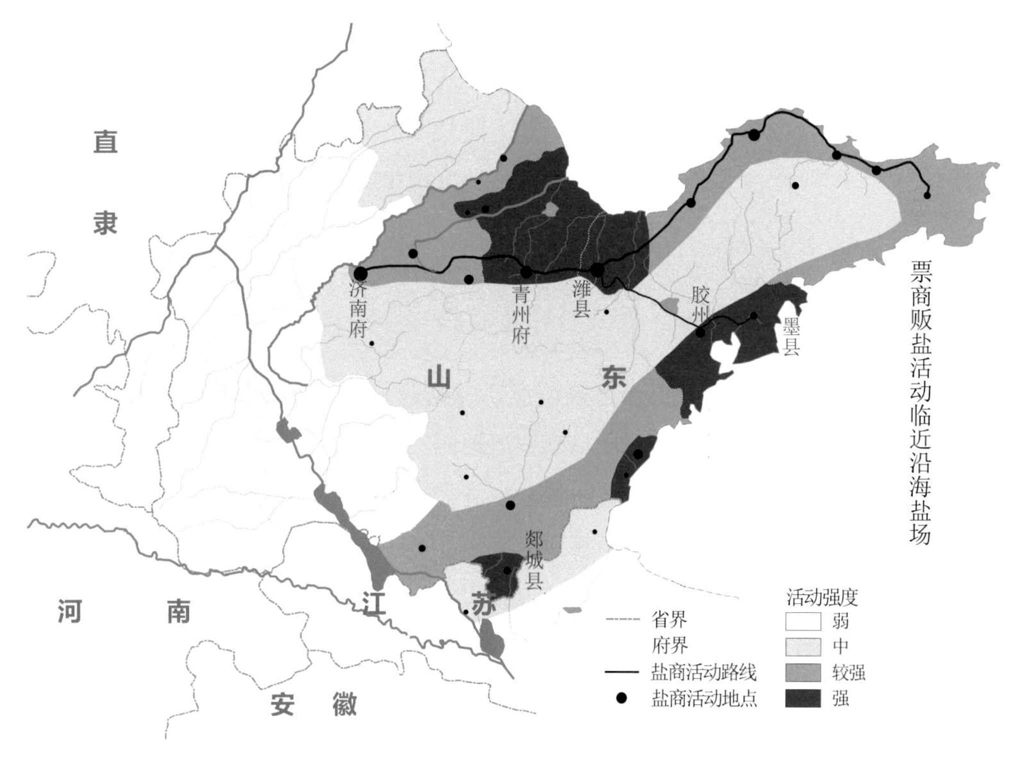

图 1-11　清代山东盐区票商盐业活动密度图

以即墨金口港为例，清代金口港开埠后市街宽敞，店肆栉比，南北商客曾集资建造规模宏大的天后宫（图 1-12）。因靠近胶州石河场，即墨沿海百姓多自产小盐进行销售，此举虽有风险，但成本低耗时短，即墨商人凭借地理优势能获得相当可观的利润。如清乾隆年间金口侯家滩的私盐大户侯家，历代均以煎盐为生，后又靠贩卖晒制的私盐坐拥万贯家财。清嘉庆、道光年间，李家周疃村的李秉和同样以此发家，他先从当地向南方贩卖私盐，再从江南向北方贩卖竹竿、木材等土产品，靠着倒买倒卖成为即墨有名的大地主，并在李家周疃村建起了城堡式庄园（图 1-13）。

图 1-12 金口天后宫

图 1-13 李家周疃村李秉和庄园

作为票商的明清鲁商，其盐业经营活动范围集中在山东票盐区，并深入鲁中山区及胶东半岛的各个偏远村落。清中后期随着盐业政策的放宽和封建统治末期沿海经济展现出的持续活力，鲁商的身份地位和经济实力都得到迅速提升，开始在山东盐业经营中占据重要地位，且其盐业贸易活动在山东沿海地带尤为频繁。

三、山东盐商活动对盐运古道沿线地区的影响

盐商经营盐业具有稳定性和持续性的特点，具体表现在：一，盐区固定，引、票盐行销地区各有界限；二，运盐线路被官府严格限制，运销每个步骤都需官府许可，盐商只能固定地往来于盐

产地与运销地；三，盐业经营多以家族的形式进行（尤其见于引商），“商人初认某处引地，所费不赀，子孙承为世业”[①]。

（一）盐商与盐运古道沿线城镇的发展

大批外地引商的涌入促进了山东运河沿线城镇的发展。外地引商除了经营盐业，也会将所赚取的巨额盐利投资到其他行业中，为沿线商业城镇的发展注入了持久的活力。尤其在引商聚集的山东运河沿线，凡是盐法志记载在册的引盐转运点也皆是重要的商业口岸和枢纽城市，如临清、张秋、济宁等。

本土票商的贩盐活动也加速了鲁中及沿海商埠的兴起。盐是百姓必备的生活用品，票商驮盐沿途贩运，必会深入远离交通主干的偏远村落，这既有助于发展与陆路干道联系的下级运输支路，也为沿线偏远村落的经济发展和对外贸易带来可能，如周村、招远等地都是因陆运线路打通而兴起的商业集镇。

（二）盐商与盐运古道沿线建筑文化的交流

山东盐商活动对盐运古道沿线建筑风格与建造技艺均有积极影响。山东引盐行销四省，引商给盐运古道沿线市镇带来原籍地区的崇拜信仰和审美情趣，故其活动线路上的建筑风格具有较强的融合性，如山陕商人在山东运河沿线留下了众多山陕会馆、庙宇和晋派民居；而因泰沂山脉的阻隔，票盐仅供至鲁地中、东部地区，票商的贩盐活动增强和巩固了以各盐场为核心的区域互动，当地建筑更多地反映出本土建造特点。如食用王家冈、官台二场之盐的鲁中山区，村落多分布于山坡陡地，建筑采用当地盛产的石材砌筑而成，因地制宜，质朴简洁。

① （清）王守基：《盐法议略》卷一，滂喜堂丛书本。

第二章 山东盐运分区与盐运古道线路

第一节

山东盐运分区

在山东盐区内部，因为中部泰沂山脉的阻断、东西地理环境的不同、经济和交通状况的差异，存在引盐区与票盐区之分，并各自施行不同的盐业政策。清代，两者的范围大致以泰沂山脉相隔（图 2-1）：山脉以西为外商贩运的引盐区，山东引盐行销四省，即山东、河南、江苏、安徽，引地包括山东西北、西南部共 5 府 2 直隶州 48 州县 1 卫，以及河南归德府的 8 州

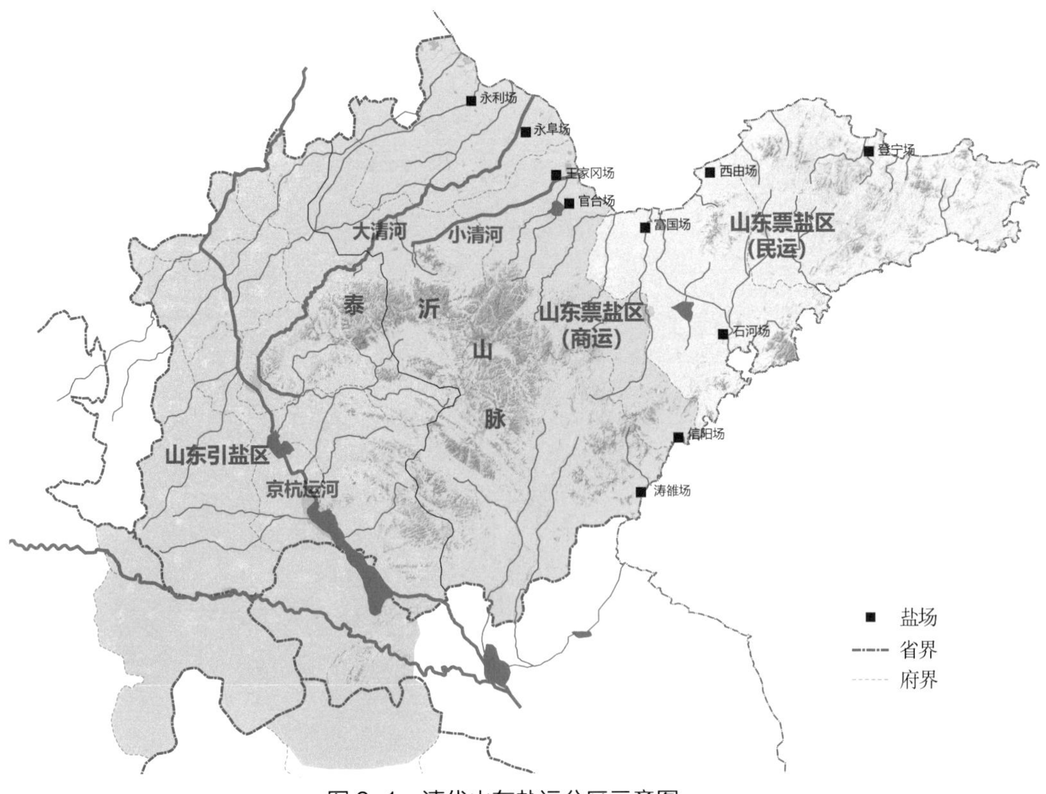

图 2-1　清代山东盐运分区示意图

县、卫辉府之考城和安徽凤阳府之宿州、江苏徐州府之铜山等，共计 64 州县（卫）；山脉以东为鲁商贩运的票盐区，票地包括山东中部、东部共 9 府 57 州县。此外根据贩卖人员的不同，票盐区又可分为商运票盐区与民运票盐区（表 2–1）。

表 2–1　清代山东盐区引票分区食盐行销范围表

类型	贩运形式	食盐行销范围	行销州县占总量之比
引地	外地商运	鲁、豫、苏、皖共 4 省 11 府（直隶州）64 州县（卫）	52.89%
票地	本地商运	山东省内共 6 府 39 州县	32.23%
	本地民运	山东省内共 3 府 18 州县	14.88%

注：具体州县转运情况可见本书附录一。

此外，在引票分区的基础之上，根据区域内行销海盐产地的不同，将山东盐区又可进一步分为五个场区：永阜场区、利阜场区、王官场区、胶东场区及涛雒场区（图 2–2）。其中永阜场区即引盐销售的区域，胶东场区为灶户百姓自富国、西由、登宁与石河四个胶东盐场领取票盐并销售的范围，余下利阜、王官、涛雒三场区俱为鲁商承运的票盐区域（表 2–2）。

表 2–2　山东盐区五大盐场配运分区表

类型	食盐行销区域	配运盐场	行政区划范围
引地	永阜场区	永阜	4 省 11 府（直隶州）64 州县（卫）
商运票地	利阜场区	永利、永阜	4 府 20 州县
	王官场区	王家冈、官台	5 府 13 州县
	涛雒场区	涛雒、信阳	1 府 6 州县
民运票地	胶东场区	富国、西由、登宁、石河	3 府 18 州县

注：具体州县转运情况可见本书附录一。

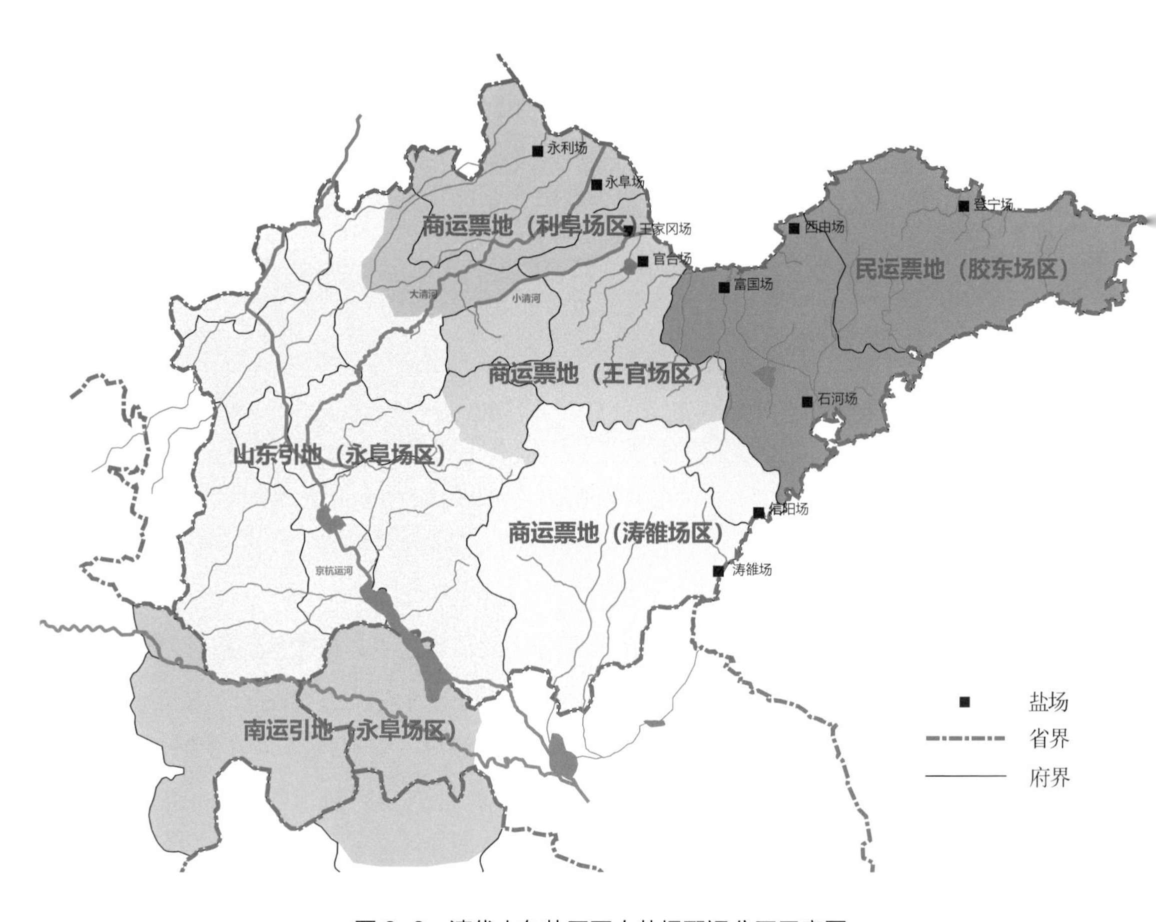

图 2-2　清代山东盐区五大盐场配运分区示意图

清代盐区的划分并不取决于行政归属或距离远近，而是基于山川形势及水陆交通便利程度，从而具备科学性和实用性。

明清鲁西交通便利、经济发达；鲁东偏远难行、外地商人不至，二者之间以泰沂山脉相隔。正是因为山东盐区具有如此独特的地理环境和区域经济差异，引票分治制度才能在山东盐区长期稳定施行。盐业制度和盐税政策的不同导致了鲁西引盐区和鲁东票盐区在盐业经济、盐运方式及从业人员构成等方面的区别。与其他同样兼用引票制度的盐区相比，山东的引、票盐区范围相当并各具特色，尤其是山东的票盐制度在清朝中后期展现出持续的经济活力。

又如运河水路为人力开挖的特殊性使得部分盐区的划分具有灵活机动的特点。以山东盐区南部即苏北地区为例，从今日的地图上来看，江苏之徐州与邳州陆地距离十分接近，但在清代却分属于山东盐区盐销地和淮北盐区盐销地。实际上古时两地之间虽有中运河相连，但由于中运河常年受黄河侵扰而淤塞，运道不畅。此后官府避开黄河修建泇运河，此运河河段流经台儿庄盆地，落差大、水流急，运道上建有八座陡门式船闸以控制水势，若运盐南下俱过八闸需耗时十天乃至半月，在路上耽搁时间过长、极不经济。在这诸多不便因素的影响之下，才有了看似相近的区域分属不同盐区的情况。

通过对古代盐区划分与行盐疆界的细致研究，我们可以对古代地理地貌、交通方式与物资流通有更加深刻的认识。

第二节

山东盐运古道线路

明清两代山东盐运体系发展成熟，形成以大小清河、山东运河构成的“T”字形水路通道为盐道主干，南北与东西三条陆运通道为盐道支线，地区性河流与道路为盐道末梢的复合运输网络（图 2-3），共同用于鲁、豫、苏、皖相关州县的食盐供销。下文基于盐运分区，依据运输起点（盐场）、盐运制度、地域以及运输方式的差异，进一步拆解和分析山东盐运体系，对引盐、票盐运输线路的分布进行详细叙述。

一、山东引盐运输线路分布

山东引盐均产自大清河口的永阜场，自铁门关码头配运上船后，溯大清河西上，依次过蒲台（今山东滨州）、泺口二批验所。山东引盐皆从泺口转运，除少量经陆路运出外，大部分引盐在此更换船只，仍由水路溯大清河西行至鱼山镇南桥，再起陆车运 20 千米至阿城镇入山东运河，装船向南或向北运往各地（图 2-4）。[①] 此外，还有一条发源于张秋黑龙潭流至鱼山入大清河的小河，又称“小盐河”，是沟通山东运河和大清河的季节河，雨季河水泛滥时南桥的盐舟可由小盐河驶至张秋镇，故而引盐盐舟自大清河转至山东运河时所停靠的张秋与阿城均是运河上重要的盐运码头。

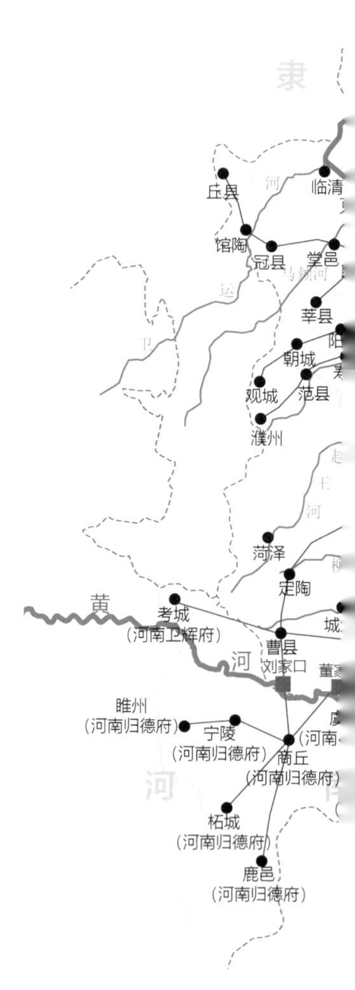

① 参见王云《明清山东运河区域社会变迁》，人民出版社，2006 年，第 42—43 页。

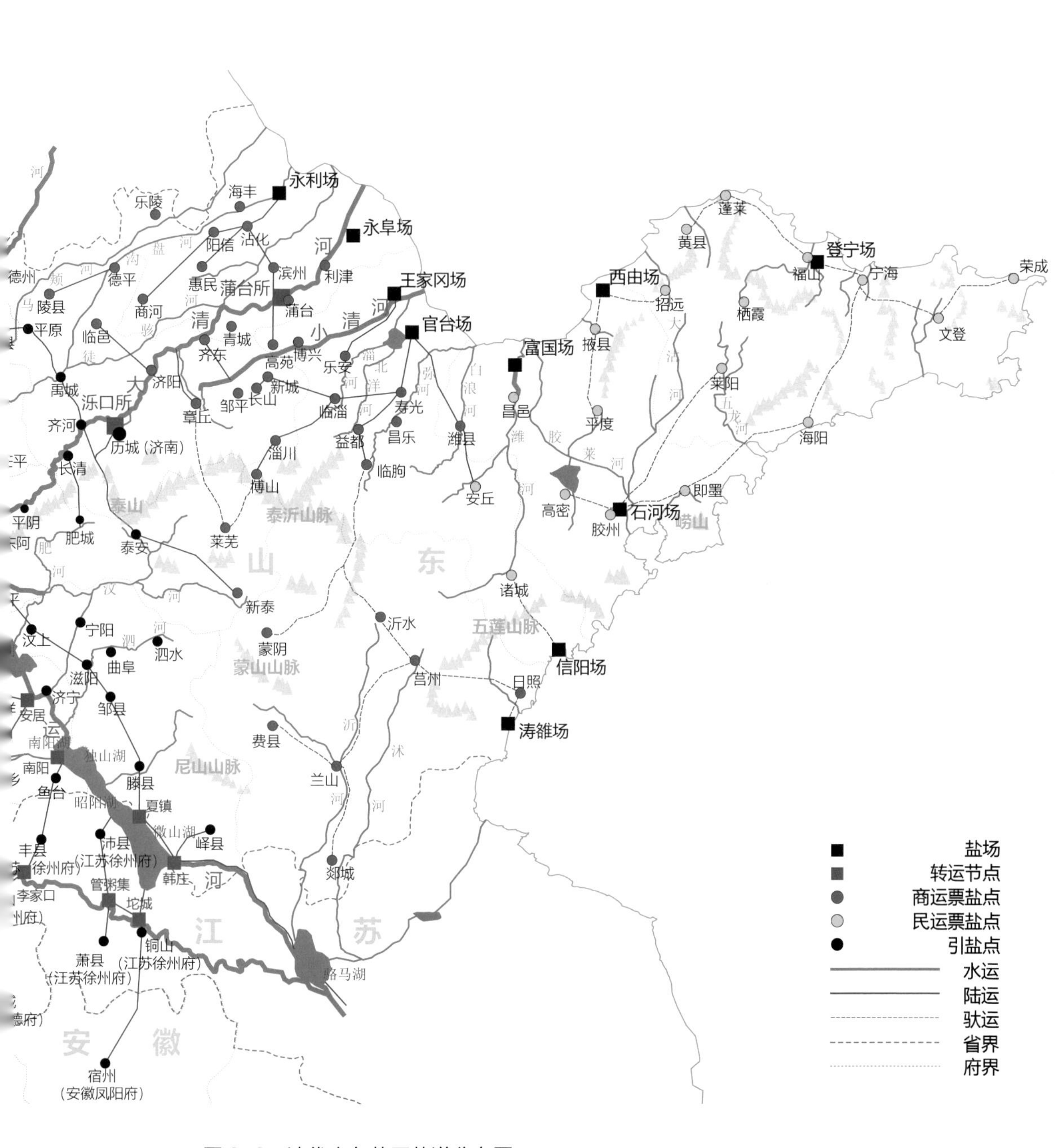

图 2-3　清代山东盐区盐道分布图

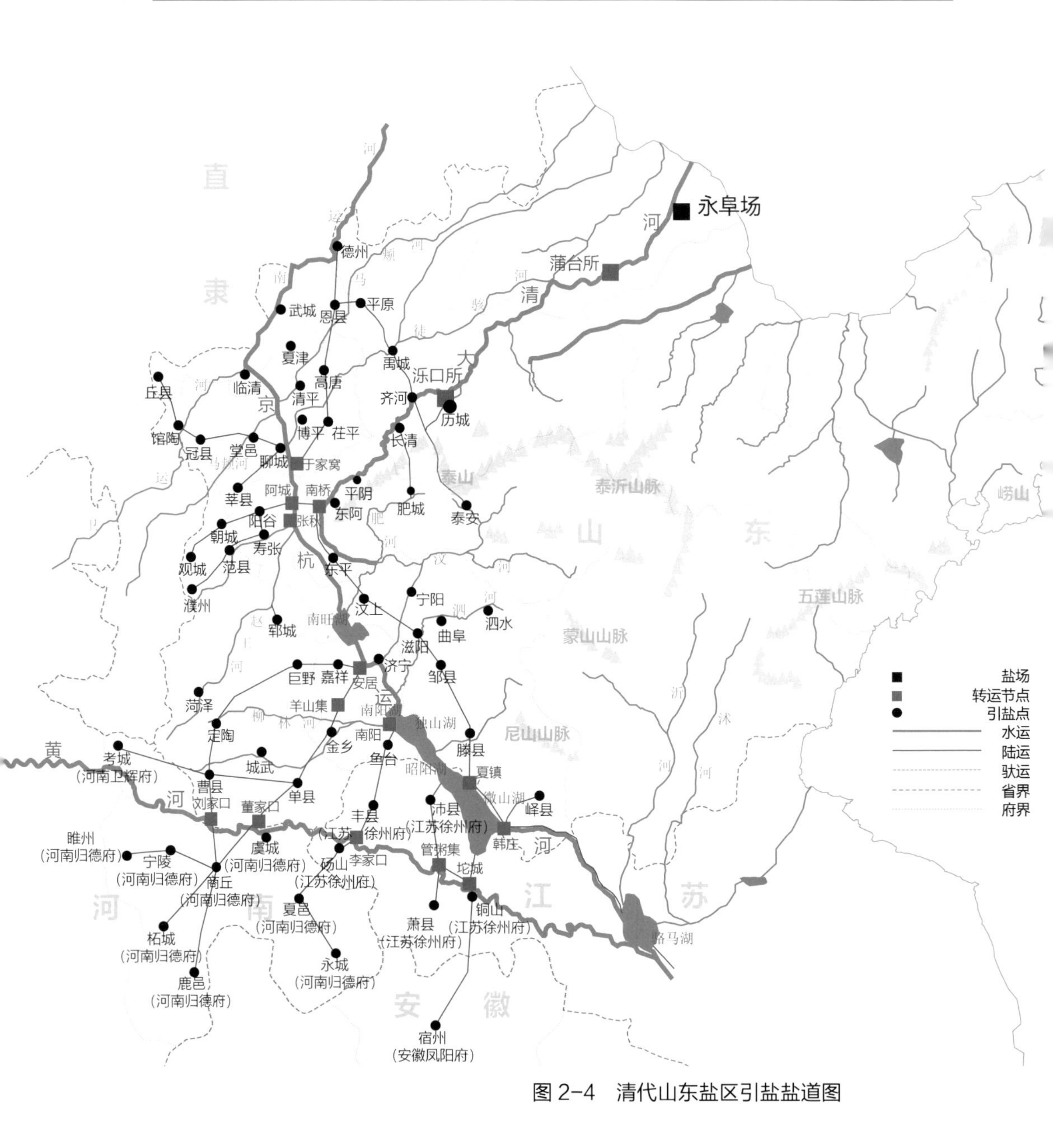

图 2-4　清代山东盐区引盐盐道图

由此，引盐自利津永皋场运出，溯大清河，经蒲台、泺口批验，再于阳谷县阿城镇与张秋镇转入山东运河，向南北各级分销，形成以大清河、山东运河水运为主干，以陆运及其他东

西走向小河流为支线的交通运输网络。其中，大清河段泺口批验所是引盐的第一级分销点，山东运河段阿城、张秋是第二级分销码头，山东运河段沿线商业都会聊城、临清、济宁均是重要转运节点。明清两代这条引盐运输线路虽偶尔因途经州县的废置和地理环境的变化而略有调整，总体却无大的变化。该路线既联系山东本省沿海地区与内陆城市，也在全国运输网络中承接南北，长期稳定地发挥着向本省及周边地区输送食盐的作用。以下对该引盐运输线路进行分段叙述。

（一）大清河段

在咸丰五年（1855年）黄河夺大清河河道前，大清河是一条宽30多米、水深且多湾的良好运输水道，清末文人周以勋曾记载大清河“为济北盐艘往来通舟楫之地……入蒲台而后归海”[①]，大清河因沟通山东运河与沿海盐场，又被称为“盐河”。

济南之泺口码头为大清河段最大的转运枢纽，也是引盐的第一级分流站，又有“东省运盐之一大总汇”之称。除济南、泰安二府及东昌、兖州府部分州县食盐在泺口起岸[②]，由车运直抵销地外，大部分的食盐均在泺口另觅小船装运，经历城、齐河、长清、肥城、平阴，抵东阿县鱼山南桥。除泺口码头外，大清河段尚在东阿县鱼山脚下的南桥村、平阴县于家窝等处设有储盐盐园与盐码头，那些同样也是大清河段供车船更易的转运节点（参见图2-3）。

① （清）王赠芳、（清）王镇修，（清）成瓘、（清）冷烜纂：《济南府志》卷六十七，清道光二十年刻本。

② 参见纪丽真《清代山东食盐运销的主要形式考述》，载《理论学刊》2008年第11期，第108页。

（二）山东运河段

山东运河是京杭大运河中地势最高而水量极为短缺的一段，沿岸闸坝分布密集，故称“闸河”（图 2-5）。山东运河行船缓慢拥挤，船队等待涨水过闸又耗时良久，往往需要就地休息，因此相比大清河这样的自然河流，运河沿岸因人工河闸催生出更为密集的商业集镇和闸口码头，如阿城、七级、张秋等。

山东运河沿线的阿城、张秋等码头集镇不仅是普通货物的集散地，更是重要的盐运码头。聊城当地有“金七级，银阿城”的俗语，分别指当时固定的粮食转运口岸七级与食盐转运口岸阿城。盐船由大清河抵东阿县鱼山后，若遇大雨河水暴涨，可通过一条满溢的小盐河到达张秋、阿城，与山东运河直接沟通。一般情况下小盐河水量不足，盐商便直接将食盐转车，由东阿运至阿城，再由阿城进入山东运河河段向南北流通。

由山东向河南、江苏、安徽等地运输，称为“南运”。山东运河南段也有诸多南运引盐必经码头：需运到河南引地的，自阿城装船，由运河运至济宁之安居镇卸货入园，再车运至单县之董家、曹县之刘家等口岸渡过黄河；运到江苏省、安徽省引地的，亦自阿城装船，由运河运至鱼台县之南阳镇卸货入园，各盐包再车运至砀山之李家等口岸渡黄河，或由运河运至沛县之夏镇，各盐包皆转湖运再车运至萧县之管粥集渡过黄河（参见图 2-4）。

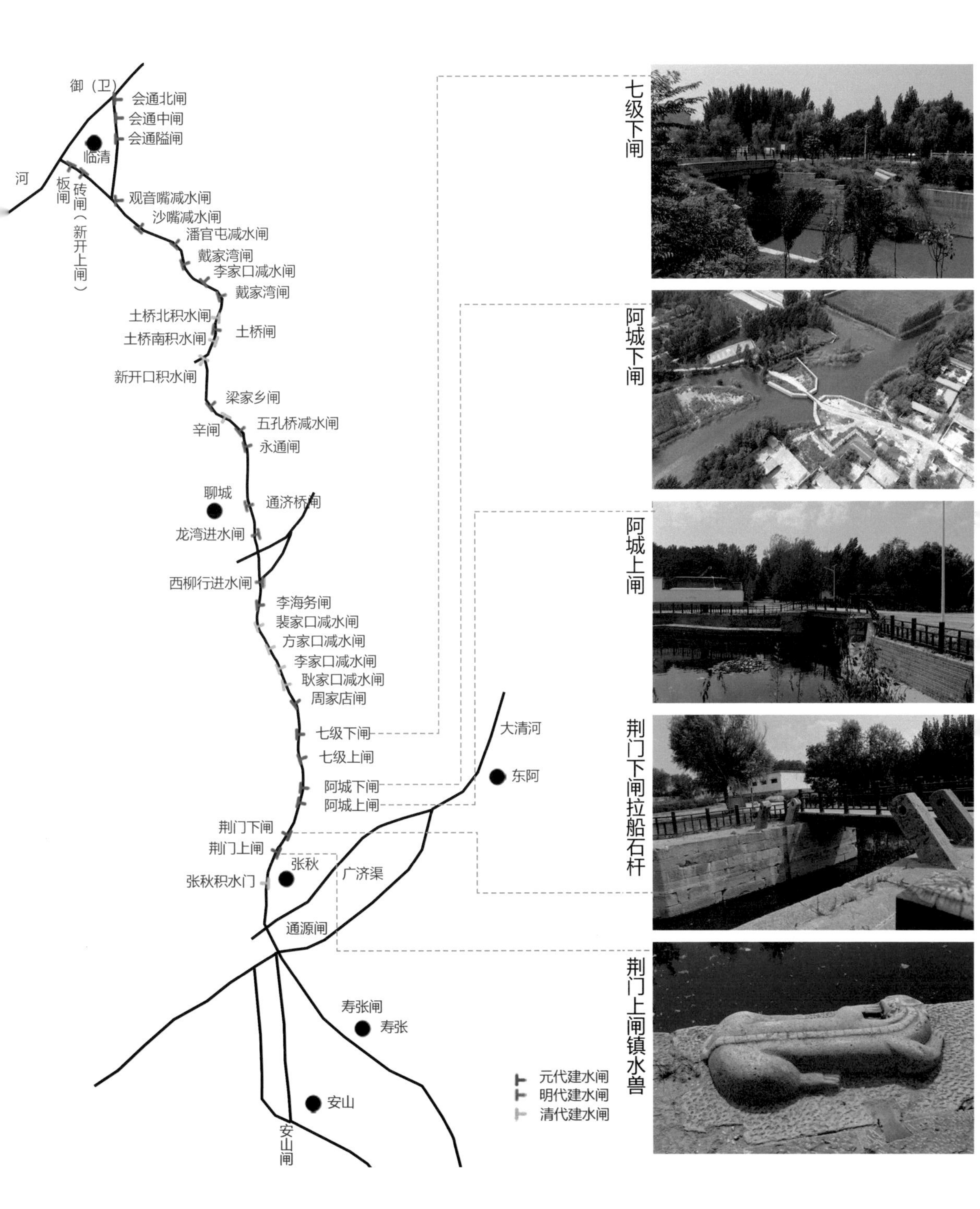

图 2-5 山东运河沿线闸口

（三）小清河段

小清河亦有“盐河”之称，其开挖初衷便是将莱州湾所产海盐汇集到济南，与大清河相通以实现联运。但明嘉靖以后小清河失治，盐运主要依托大清河。而清末黄河夺大清河河道，运道淤堵，永阜场也被冲毁。清政府为恢复东西航道重治小清河，此后，自寿光羊角沟港（今寿光市羊口镇）至历城黄台桥全线通航，运输王家冈、官台二场之盐。黄河与小清河联运，形成了清末山东的水运要道，小清河入海口的羊角沟一带更是广开滩涂、晒盐制盐，羊角沟从海边渔村一跃成为盐业鼎盛的港口城镇。

二、山东票盐运输线路分布

山东票盐仅供本省，多销往泰沂山脉东侧舟楫难行的山地丘陵地带。票盐制在清代得到进一步发展，许多财力殷实的山东商人也加入票商行列，打破了明代山东票商仅为穷苦盐场灶民的局面。清代商运票盐由山东本地商贩承运，票地包括鲁北平原及鲁中山区的6府39州县，运输以陆路车运为主。民运票盐由盐场灶民或百姓领票运输，票地包括胶东半岛沿海丘陵地带、靠近盐场的3府18州县，运输以人力驮运为主（图2-6）。

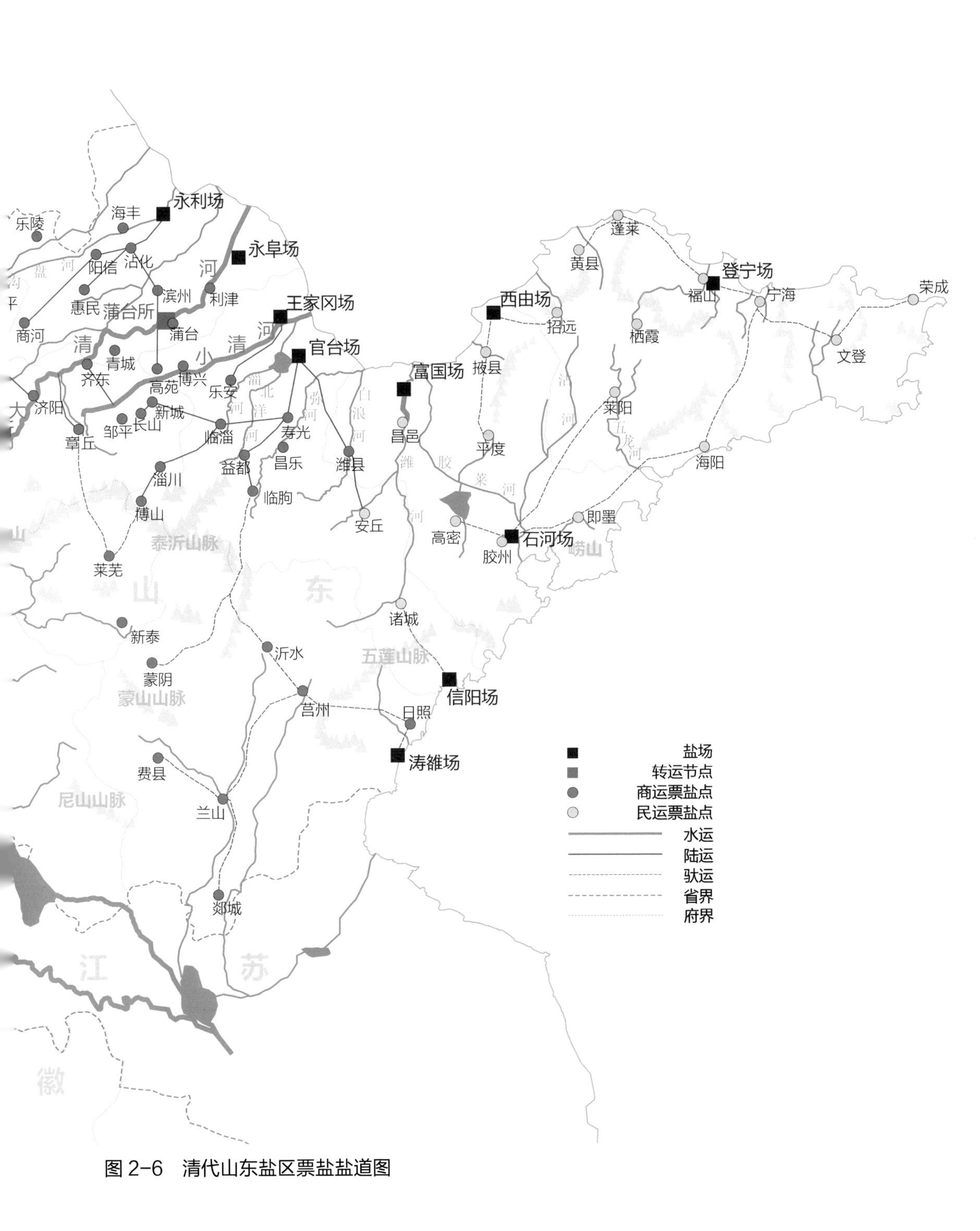

图 2-6　清代山东盐区票盐盐道图

在票盐运输的57州县中，除在永阜场春配的各州县由水运过蒲台所外（新泰之票盐并过泺口所），其余皆由商民自场配运。因票地多在山地丘陵，大多数远离主要水运航线，运输便以就近为原则，供盐盐场散点分布，形成票盐运输体系下的小区域互动。票盐区根据盐场配运情况可分为四个单元，各单元均以盐场为中心，呈扇形辐射若干市镇，同一单元的市镇因此而联系紧密（图2-7）。

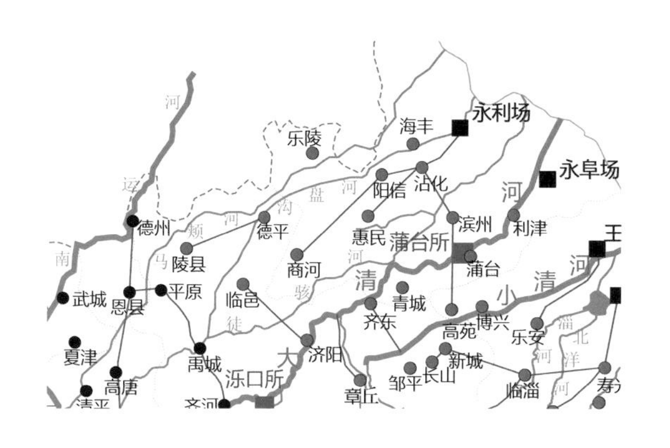

A. 利阜场区（自沿海北部的永利、永阜场配运）

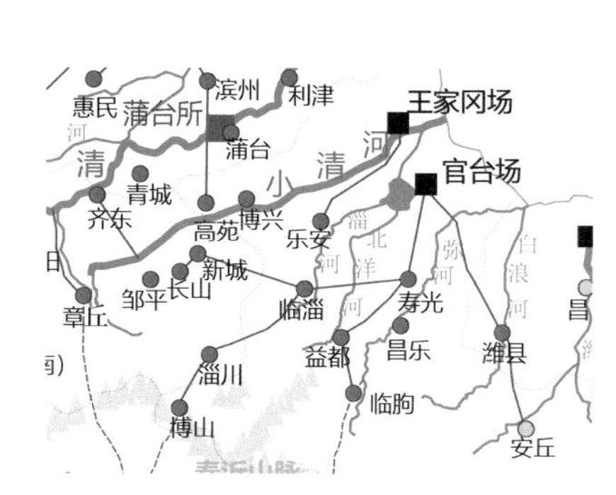

B. 王官场区（自沿海中部的王家冈、官台场配运）

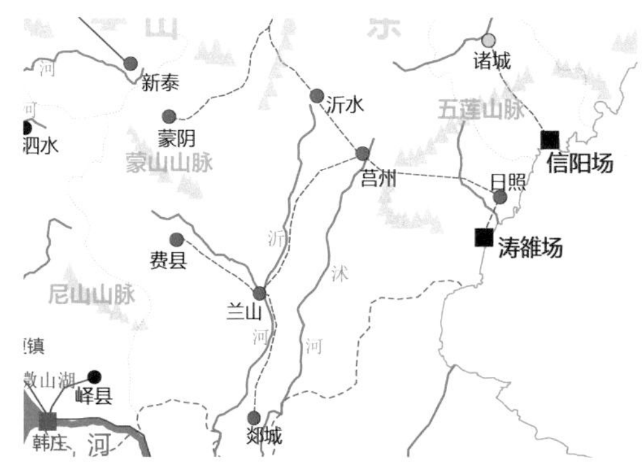

C. 涛雒场区（自沿海南部的涛雒、信阳场配运）

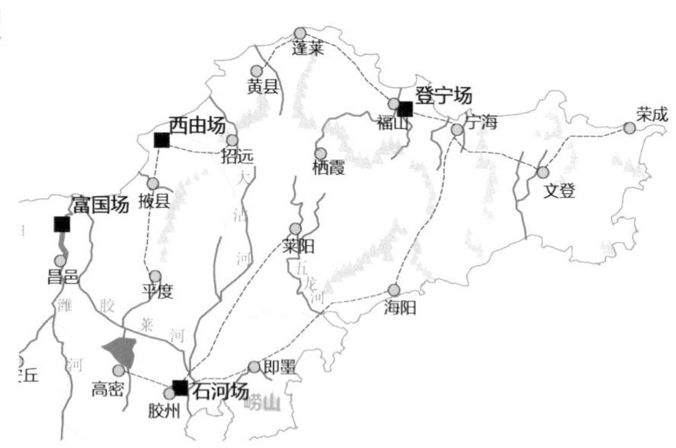

D. 胶东场区（自胶东半岛的富国、西由、登宁、石河场配运）

图2-7　清代山东票盐配送单元

第三章

山东盐运古道上的聚落

第一节

产盐聚落

一、产盐聚落的形成与变迁

由于河道变化、海岸线迁移等自然环境的变化及生产技术更新等人为因素的影响，山东盐区的部分产盐聚落有着复杂的历史变迁过程，具体包括以下三个方面。

（一）产盐聚落随河道变化而兴衰更替

明清时期河道作为盐场的黄金运道，其变化过程影响着山东产盐聚落的分布和兴衰更替。图 3-1 为不同时期大、小清河河口的盐场分布情况，由图中可以看出，在清早期以大清河为

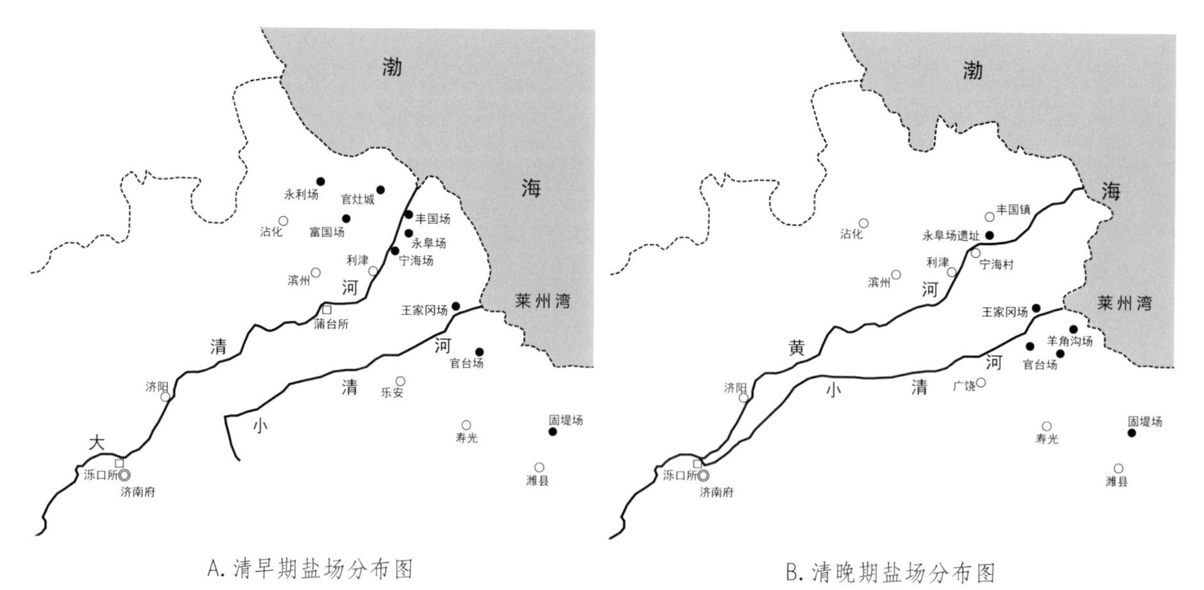

图 3-1　清代以来莱州湾海岸东迁与盐场分布图

盐运主道的时候，产量高的盐场如永阜、宁海、丰国都设置在大清河河口，以保证食盐可以快速西运。当清末大清河被黄河夺道时，黄河下游决堤，泛滥严重，河水不仅反复冲毁大量滩池，对原大清河畔盐场的盐业生产造成持续的干扰与毁坏，还造成河口泥沙淤积，原靠近海边的盐场也渐渐远离渤海。自此引盐大场永阜场本有的黄金水道和沿海优势被一一夺去。为维持东西航运与海盐生产，朝廷又将视线转向小清河，并花费大量人力物力对其重新疏浚与治理，使小清河从羊角沟至济南全线通航。清晚期以小清河为盐运主道，处在小清河河口的王家冈、官台等盐场，原本地位远不如永阜场，但因小清河航运之利而得到飞速发展，最终将饱受黄泛影响的永阜场取代。

《中国盐政实录》载："盐产以青岛为最富，而税源所出，复在于王官一场。"[①] 王官场的运输码头在小清河入海口羊角沟，隶寿光县。清末小清河的重新疏浚使得羊角沟商业日渐兴盛，一跃成为莱州湾的重镇。1918 年，原设在侯镇的盐场官署也迁至羊角沟，各地盐商接踵而至，甚至外埠商船也竞相来此通商。清末，朝廷不仅疏浚小清河河道，还允许盐商集资建成自刘家呈子至羊角沟约 18 千米的轻轨铁路，专作集坨运盐之用，成为鲁北运盐的专用通道。如今小清河航运依旧繁忙，靠近小清河河口的寿光羊口盐场、潍坊央子盐场也在山东海盐生产中占据着重要地位，盐田一望无际（图 3-2、图 3-3）。

① 山东省寿光县地方志编纂委员会：《寿光县志》，中国大百科全书出版社上海分社，1992 年，第 190 页。其中，王家冈场、官台场被习称为"王官场"。

图 3-2　海边的羊口盐场

图 3-3　羊口盐场旁的小清河运道

大、小清河作为山东盐区连接沿海与内陆的东西通道，实不愧其“盐河”之名，二河畅通与否直接影响着其入海口附近的盐场数量与城镇盐业经济，大清河湮灭与小清河取而代之等一系列变化使得大清河河口的产盐聚落减少、地位降低，而小清河河口的产盐聚落随之兴起、地位提高。

（二）产盐聚落随海岸线变化而东迁扩张

河道的变迁同时影响着海岸线的变化，从而进一步影响沿海盐场分布。历史时期黄河多次裹挟大量泥沙经山东境域入海，黄河河口的持续造陆使得山东渤海海岸线持续东移。尤其是自咸丰五年（1855 年）黄河夺大清河道入渤海的百余年来，因人为或自然的因素，黄河在河口三角洲范围内决口改道达 50 余次，其中较大的改道有 12 次，黄河尾闾的频繁摆动造就了如今黄河入海口附近区域的地理面貌。以利津县永阜场为例，我们可以依据古图中的盐场、滩池和铁门关码头的位置来推断清代黄河改道前后海岸线与产盐聚落的位置关系（图 3-4、图 3-5）。

注：以《嘉庆盐法志》盐场图对应今图。

图 3-4　1855 年黄河改道前永阜场附近的海岸线、滩池、大清河

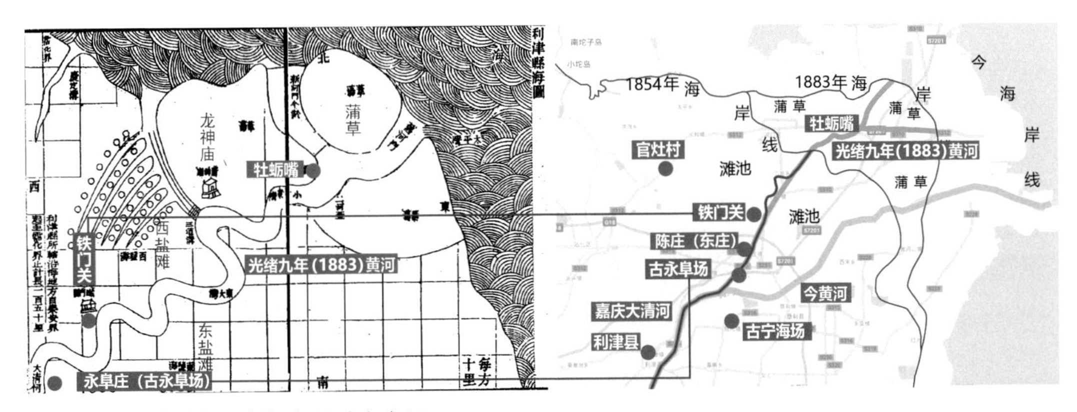

注：以光绪《利津县志》海图对应今图。

图 3-5　1855 年黄河改道后永阜场附近的海岸线、滩池、大清河

（三）产盐聚落随盐作方式改变而存在分布疏密的区别

传统海盐生产技术经历了从简单到复杂、从煎盐法到晒盐法不断完善的过程。滩晒之法始于明代中叶，较煎盐而言，生产工序简化、成本降低、产量大又省工时，经济效益十分明显。清代，晒盐工艺开始在山东盐区内占据优势。因产量的不同和地理地貌的差异，不同盐区由煎转晒的时间有先后，如日照、莱州在康熙时改煎为晒；昌邑、寿光、沾化在雍正时改煎为晒；文登最晚，在道光时期才改煎为晒。有时也会出现一个盐场同时存在煎盐法和晒盐法的现象，如《文登县志》记载西由场“晴晒雨煎”，以确保遇阴雨季时盐场能继续进行盐业生产。采用煎盐法制卤与制盐均需小规模人工劳作，因此这些产盐聚落彼此相隔不会过远，而是呈“团”状密布在沿海及河口地带；晒盐法则需人工制卤与自然蒸发制盐，需大面积盐池盐滩，滩晒区的增大使得各产盐聚落间的距离较采用煎盐法时更远，其呈“点”状在沿海地带稀疏分布。

值得一提的是，如今山东沿海河口一带的村名仍能反映产盐聚落随海岸线一起东移以及盐业生产由煎转晒的历史进程，如村名带“灶”字的多与煎盐法有关，村名带“滩”字的多与晒盐法有关，村名带“坨”字的多与食盐储存有关（成盐集中存放称盐坨）。

从这些与盐作活动相关的村落的分布情况可以看出，以永阜场场署为分界点，与晒盐有关的村落多集中在永阜场西北，与煎盐有关的村落多集中在永阜场西南，而与囤盐相关的村落分布在大清河两岸（图 3-6）。该村落分布状况是能与海岸线东移及盐作方式由煎转晒的整个过程相印证的。

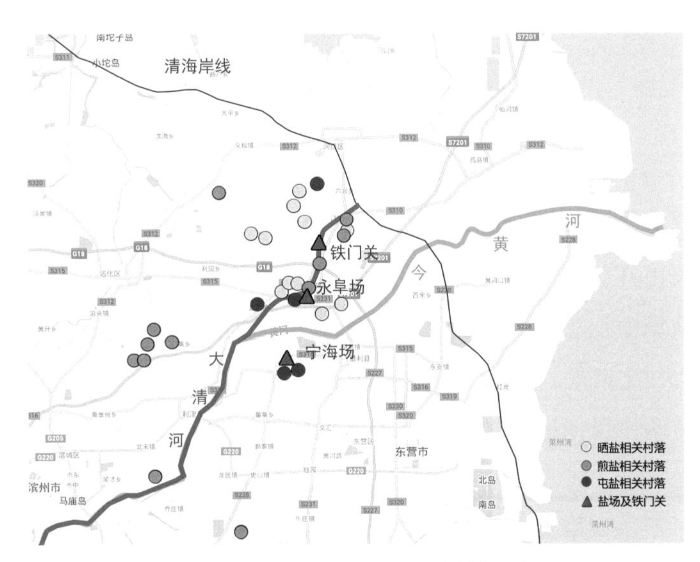

图 3-6　永阜场周边盐业村落分布

二、产盐聚落的分布特征

总体来说，产盐聚落需要同时满足海盐的生产与运输需求，其分布情况也受到这两个主导因素影响：其一，产盐聚落沿海岸线分布以满足生产需求，山东盐区产盐聚落主要分布在东部沿渤海、黄海地带；其二，产盐聚落靠近河口分布以满足运输需求，越靠近大、小清河等运盐河河口，产盐聚落分布越密集，便于海盐自东向西源源不断地向内陆运输。利津位于大清河河口，有着极为优越的地理位置，雍正《山东盐法志》记载，利津县东北五十里有永阜场，北六十里有宁海场，北七十里有丰国场，康熙十六年（1677 年）裁并归永阜场管理，故利津永阜场兼并宁海、丰国而一跃为山东盐场之首，“产盐甲于十场”，其产盐运销于鲁、豫、苏、皖四省。永阜盐场兴盛时，场内于大清河两岸设仁、义、礼、智、信五处盐坨，共有滩池 446 处。永阜场所产之盐，皆自铁门关装载，溯大清河而上，铁门关码头因此成为重要的水旱码头和盐运要地。

三、产盐聚落的形态特征

山东盐区产盐聚落的主要功能分区包括盐产区、管理区、仓储区、居住组团等。其中盐产区是场镇主要功能片区，邻海，由人工开辟的大量滩池、一定数量的卤井与灶舍组成；管理区为盐场中枢，位于场镇中心位置，包括盐场大使公署、盐课司及大使宅院等；仓储区包括存储盐的各盐坨和盐园，多排布在河道两岸以便运输；居住组团包括盐民与盐商的居住地，拱卫在盐产区、管理区及仓储区的外围。

无论规模大小，山东产盐聚落多呈“团”状布局，水道从中串联。如永阜场沿海滩池密布，盐场官署居中，大清河将团状场镇分为南北两部分，外围先有三镇拱卫，再有南北各两处兵营保护盐场盐业生产和贸易活动，此外，又另有规模极大的海庙和墩台在场镇靠海的东北角（图 3-7）。又如涛雒场在利用居民组团围住盐场的同时，还巧妙利用自然的山形地势，对近海滩池进行层层拱卫。

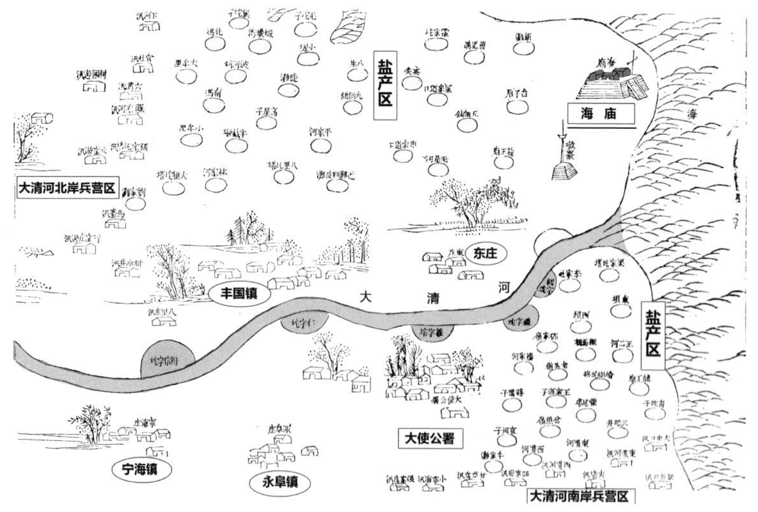

注：底图来自嘉庆《山东盐法志》。

图 3-7　清代利津县永阜场平面

除盐产区、管理区、仓储区和居住组团这些基本功能分区外，场镇中的宗教空间也十分突出，其主要分为两类：一类是祈求风调雨顺、盐业生产顺利的海庙、龙王庙等庙宇建筑，其与盐产区关系紧密并随着盐业生产空间一起向海边延伸；一类是教化盐民百姓的文庙、表彰为盐业生产做出贡献的能臣智士的祠堂等文教建筑，其建在公署与百姓居住区之间，起到凝聚盐商盐民的作用（表 3-1）。此外，在有些重要的盐场如利津县永阜场，为防止私盐流出并保护盐场正常运转，在场镇最外围还设有大片兵营区，此举足可见清政府对盐场盐税的重视程度。

兵营处于盐场最外围，围绕盐池盐滩呈现拱卫之势。

表 3-1　山东盐区部分盐场宗教建筑

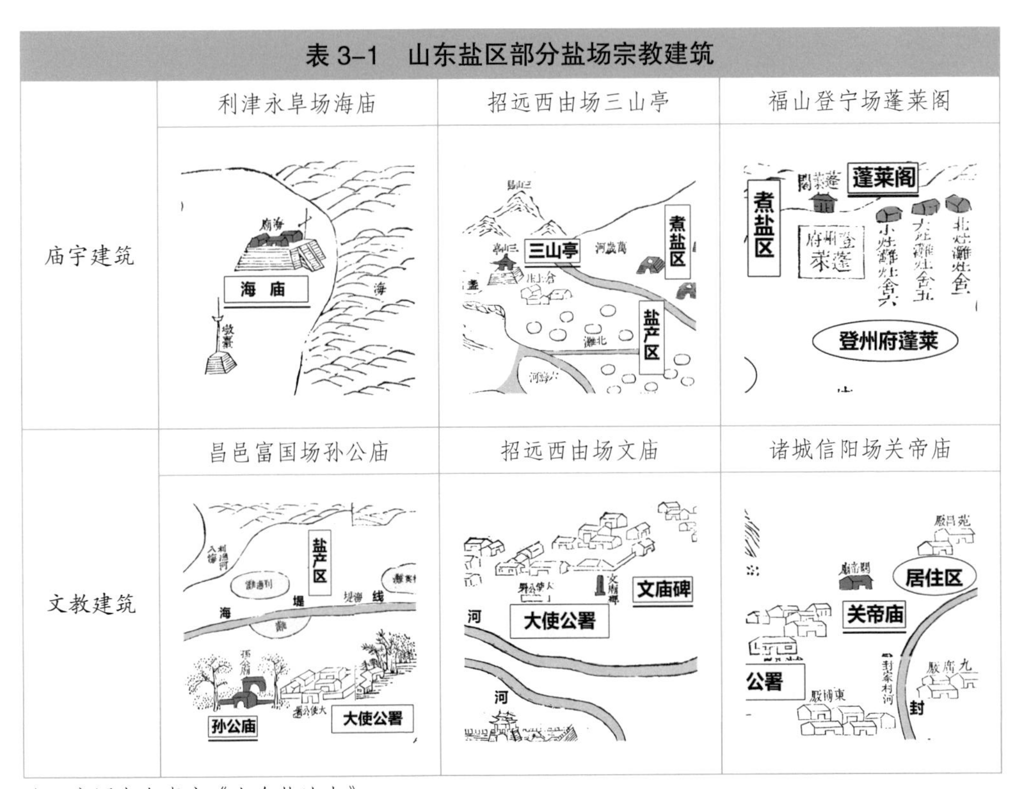

注：底图来自嘉庆《山东盐法志》。

四、代表性产盐聚落分析

明清产盐聚落的功能分区和形态布局都是在保护和促进盐业生产中形成的，其后部分功能区又因地理环境变迁或是生产能力低下被裁并。如部分盐场原有的产盐功能已不再被需要，旧盐场逐渐转化为为新盐场的产销服务、供往来人员居住贸易的商业集镇。这些旧盐场几经变迁，早已不见昔日繁忙生产的景象。在实地调研中，我们发现曾经的山东盐区产盐聚落呈现出三种不同的情况。

其一是不再产盐且无遗存，消失在历史洪流之中的聚落，仅从带“滩”“坨”等字眼的村名能看出其与盐场的联系。以日照的涛雒镇（明清时期的涛雒场）为例，涛雒沿海地带散布东、西灶子村和成家、张家廒头村等诸多村落，其村名中的“灶”字、“廒”字便是因曾煎盐或备有囤积食盐的仓廒而得名。

其二是不再产盐但有遗存的聚落。这些场镇虽已发展成现代化城镇，但仍保留有一些盐业遗迹、与盐业生产和运输有关的节会及民俗等。代表性聚落如烟台福山盐场社区，其为明清登宁场旧址（图 3-8）。登宁场位于渤海沿海，不仅是重要的海盐产地，更是海盐运向内陆的盐运码头。与众多的产盐聚落一样，登宁场也是以团状布局为主，水道从中串联。其东部便是一条盐运河流——夹河，盐产区临海，管理区居中，居住组团在外围拱卫和保护，仓储区排布在盐河两岸以利运输。目前尚存的登宁场大使公署这一建筑遗存，即当时整个盐场的管理中心，依稀可见曾经众星拱月的团状格局。如今的福山盐场虽然早已不是当年的模样，但其因盐而生的街巷道路格局延续了下来，成为盐运繁华历史的有力佐证。

图 3-8 烟台福山盐场社区与登宁场大使公署

其三是仍在产盐的聚落。部分清晚期至民国仍持续生产的盐场，一部分开启了工业化、现代化的生产，另一部分成为渐渐式微的民营传统制盐场。以代表性产盐聚落小清河河口的羊口镇（羊角沟）为例，作为小清河的入海口，王家冈、官台二场的运输码头便坐落在这里。清末小清河的重新疏浚使得羊角沟商业日渐兴盛，一跃成为莱州湾的海港重镇。清末政府疏浚小清河河道的同时，还允许盐商集资修建盐运专用的轻轨铁路，这条自刘家垦子至羊角沟约 18 千米长的铁路，成为鲁北运盐的专用通道。如今，小清河航运依旧发挥着重要作用，羊口镇的盐场也凭借小清河航运转型为现代盐场。该盐场作为典型的产盐聚落，其功能布局也遵循团状布局，盐产区、仓储区、居住组团以管理区为中心围合于四周，利用小清河划分功能区，至今还依稀可见分布于小清河岸边大大小小的盐池（参见前文图 3-2、图 3-3）。民营传统制盐场如北曲格盐场，因收益不佳而处在半荒废状态，盐池也因长期废置，各层蒸发池浓度相差极大甚至钙化，呈现出宛若调色盘般的缤纷色彩（图 3-9、图 3-10）。

产盐聚落的兴衰与地理地貌的变化、生产技术的革新、产业结构的改变等多种复杂因素密切相关，作为山东盐区盐场的黄金运道，明清时期大、小清河的变化影响着山东盐区产盐聚落的数量、分布和兴衰更替，河道的变化同时影响着海岸线的变化，从而影响沿海盐场分布。此外，传统海盐生产技术的不断改进，也影响着聚落类型从“灶”到“滩”的转变。如今大多数的产盐聚落随着产业的更替逐渐走向沉寂，其虽早已不复往日的繁华，但留下的一个个盐业建筑遗产、一片片五彩盐田依然蕴含着巨大的文化价值。

图 3-9　北曲格盐场戽沟引海水入池

图 3-10　北曲格盐场蒸发池

第二节
运盐聚落

一、运盐聚落的形成与变迁

聚落的形成是地理环境、社会人文、经济形势、军事防御等多方因素共同作用的结果，而聚落的发展繁荣很大程度上有赖于与外界的沟通交流和商业贸易活动。山东盐区盐运线路上分布着因运盐而盛的聚落。运盐聚落的兴衰与交通运输和以盐粮贸易为代表的商品贸易有着不可分割的关系，在线路贯通之后，由于商品互市与人员流通的加快，位于线路转运节点上的城镇迅速发展成为辐射周边的商业重镇，位于线路中段的村镇也从以小农经济为主体的自然村落摇身一变成为富裕的商业集镇，从自给自足转向接纳四方，从相对闭塞转向兼容开放。

由于山东地理环境的多样性，明清两代在山东盐区均采取了引票分治策略。鲁西南盐运以水路运输为主，为引盐销售的范围；鲁中及胶东半岛多山地丘陵，盐运以陆路运输为主、水路为辅，为商运票盐及民运票盐区域。据此，山东运盐聚落又可分为引盐聚落与票盐聚落。两者均是因运盐而兴的商业聚落，故具有以下共性：

（1）大多数以商业老街为轴呈带状布局。

（2）至今仍有盐业官署、盐铺、盐商民居的遗址及与盐相关的街道。

（3）因曾有大量盐商活动，故建筑多带有本土与外地风格融合的特点，且由于引盐销售区为外地盐商活动区域，该特点在引盐销售区域更为明显。

此外，在各自发展过程中，山东引、票盐聚落之间又存在差异，这是在由于盐业政策、地理环境、运输方式和文化交流等多方面因素共同影响而出现的。

从城镇分布层面来讲，引盐聚落大致沿山东运河呈线状分布于鲁西平原上，聚落依托运河联络八方，外来人口众多，文化交流频繁；票盐聚落则片状分布在鲁中南、鲁北和胶东半岛的广大区域，或藏于山地丘陵之间，或处于滨海地带。票盐区与外界的交往大部分被山地隔绝，位置偏远、外商鲜至，因此陆路盐道成为这些地区重要的经济动脉与文化传播路线。

从聚落层面来讲，引盐聚落与票盐聚落在空间结构、形态特征、街巷关系等方面也有不同。引盐聚落的兴衰发展仰仗水运交通，聚落中心是商业区和码头，商业街巷多紧邻河道、沿河线性发展，街首即为码头。运河开通前就已存在的引盐聚落中，商业区多与行政区分离，以方便商品运输；因运河而兴的引盐聚落则沿运河形成，运河和新兴商业区为其核心区域。票盐聚落多在主要官道之上，作为粮盐、土产等商品转贩与销售的贸易之所。平原地带的票盐聚落街巷通达，有明确的商业主街和巷道，且主街垂直呈“丁”字、“十”字或网格结构；山地中的票盐聚落道路则更为崎岖，主街多沿等高线依形就势，街巷系统呈现出复杂的鱼骨状，常常在不同高度设置有多条平行主街，其间再以巷道沟通。

二、运盐聚落的分布特征

（一）引盐聚落的分布特征

山东盐区的引盐运输仰仗大清河及山东运河，由于自大清河中段的泺口批验所查验过后，山东引盐才能进行销售，故在引盐聚落中，大型都会城镇和商业码头大多分布在大清河的上游及山东运河两岸。如临清、济宁是山东运河南北两段辐射全国的商业都会，张秋是位于临清、济宁之间的区域性商业城镇，聊城、德州、武城等在山东运河开通前本就是府州级的政治军事中心，凭借运河也成为辐射周边区域的商业中心。此外，远离山东运河等水运通道的引盐聚落多为鲁西地区原有的县级政治中心，运河商业码头靠近并服务于它们以实现引盐次级分销，如阿城、七级服务阳谷县，台儿庄服务峄县等。山东引盐聚落的分布有以下几种类型。

1. 分布在河流与河流交汇之处

沟通地方、辐射周边的商业都会城市往往出现在两河交汇之处。其一，稳定的河流是运输的保障，河流交汇之处是多方运输的集聚地，其交通辐射能力和通达能力都属上乘。其二，水源充足适宜人们生产生活。其三，河流交汇冲击可形成大量用于生存和建设的缓坡地，城镇的商业街区在这些缓坡之处顺着河流发展，靠近河流既方便商人暂居歇脚，也便于货物装卸和集散储存。此类商业都会城市包括济南、临清、济宁等。

2. 分布在河流与陆路交通转换之处

河流是交通线路的大动脉，需配合次级的陆路交通才能真正做到四通八达。在山东盐区引盐运销过程中，前往水路不通的地区需要水运转陆运方可将食盐运送至县。车船更换过程中，商人停驻歇脚、货物装载和卸车，都需要一定的时间和劳力，商品贸易和相关的服务产业会在这些转运点慢慢兴起，形成具有一定商业功能和消费能力的市镇。这类商业码头集镇大部分位于山东运河沿线，运河穿过市镇并在其南北设置上下闸口，闸口蓄水时，船队就在这些码头集镇停靠歇脚，或等待蓄水放行，或就地起岸转陆运至码头附近的县级城镇。此类码头集镇包括七级、阿城、张秋等。

3. 分布在陆路交通线路交会之处

陆路交通是水路运输的补充形式，在水路不畅或是水运因风浪凶险、洪水漫堤而不能保证货物安全的情况下，陆路运输就成为必然选择。与水运相比，陆路运输虽运量小，耗时费工，但在短途运输中具有灵活性，便于形成分化更细的陆路交通网络，以补充水路主干。

在山东盐区引盐运输中，鲁西南与苏、豫、皖交界地带是黄河长期泛滥的区域，此地河道或淤塞干涸或洪水汹涌，往往舟楫难行。山东南北干道的西支因毗邻山东运河，其各交通枢纽皆位于运河商业城镇的经济辐射区，盐业活动皆有涉及。山东盐区的引盐南运至苏、豫、皖的州县，便先依靠此干道将盐车运至渡口，渡过黄河并集中运往苏、豫、皖三省中大的州府县进行储存分装，再进行次一级的分销。铜山（今徐州市）、商丘等就是这些陆路运输网络中的交通枢纽。

（二）票盐聚落的分布特征

票盐聚落广泛分布于鲁北平原、鲁中南山地及胶东半岛等地，大多数远离主要水运航线。票盐运输需穿行于山区及丘陵地带，多数情况下仰仗陆路车运，山路更是需要人力或畜力驮运至各府城州县。

1. 分布于陆路交通干道与支道相交处

明清时期，山东盐区两条南北大道与一条东西大道呈双“T”字形沟通沿海与内陆地区。票盐主要依托陆运，其分布具备陆路交通运输线路聚落的一般特征。首先，票盐聚落中的商业与交通枢纽聚落大都分布在这三支陆路交通干道之上，且相隔一定距离就会出现一个较大的转运枢纽聚落，如东西大道上的历城（济南）、章丘、长山、益都、潍县等；其次，经济体量稍小的城镇会靠近枢纽城镇分布在区域性的商道之上，这些商道主要为沟通道路险阻的鲁中及沂蒙山区而存在，作为陆路大道的辅助与支线，形成一张密织的陆运交通网络。

2. 以盐场为中心点呈扇形分布

基于陆运耗时久、运量小等特点，票盐的运输遵从就近原则，供盐盐场在沿海散点分布，运输线路也不长。整个票盐运输体系由或大或小的单元组成，这些单元通常都是以某几个距离较近的盐场为起点，呈扇形辐射若干市镇，并具备自己的一套运输体系，同一单元下的票盐聚落因此联系紧密，区域互动频繁。

因票盐运输以小区域互动为特点，各单元影响下的票盐古镇集中分布并具备一定的相似性和协同发展趋势。商运票盐由本地盐商承运，在其票商所经的聚落中，利阜场区的聚落以北部沿海的永利、永阜盐场为起点，分布在鲁北的黄河冲击平原之上；王官场区的聚落以中部小清河河口的王家冈、官台盐场为起点，主要分布在小清河流经地区及鲁中的淄博山区；涛雒场区以南部沿海的涛雒、信阳盐场为起点，主要分布在鲁南的平原丘陵地区。民运票盐则由山东盐场灶民或附近百姓承运，盐运起点包括胶东沿海的富国、西由、登宁和石河等四个盐场，盐运活动范围便限定在相对独立的胶东半岛内。

三、运盐聚落的形态特征

（一）引盐聚落的形态特征

引盐运输以水运为主，河道、码头、街巷、盐业官署、居民区等是引盐聚落的组成要素。在山东盐区的引盐聚落中，当涉及城镇与水道的关系时，一般有两种基本原型：一种是商业区紧邻河道，城镇与其脱离，这种原型多出现在运河开通前就存在的府州县政治中心城镇；一种是河道穿城而过，两岸设置商业区域，多出现在运河沿线新兴的商业码头集镇。

1. 在原有都会城市中，新兴商业区与原有政治区分离

在都会型引盐聚落中，商业街区与府城或县城分离，在位置关系上商业街区紧贴运输水道，府城县城则相对稍远（表3-2）。产生这种现象的原因可归结为：政治中心的形成主要受历史影响，商业中心的形成主要受航运影响。就山东运河沿线聚落而言，其运输所依赖的运河并非原有的自然河流，这些聚落是伴随运河的诞生而瞬时出现或兴盛起来的。在运河开通之前有些地区已有城镇，但其商业区则是在运河开通后紧邻运河自然生成的，故而出现了经济中心与政治中心脱离的现象。此外，在大清河沿线，以济南与泺口的关系为例，济南府城曾在古济水之南，大清河虽是济水余绪，但相对曾经古济水的河道已向北迁移，故而依靠大清河兴起的商业码头泺口在济南城的西北方向并紧邻大清河河道，同样与济南府城的位置脱离开来。

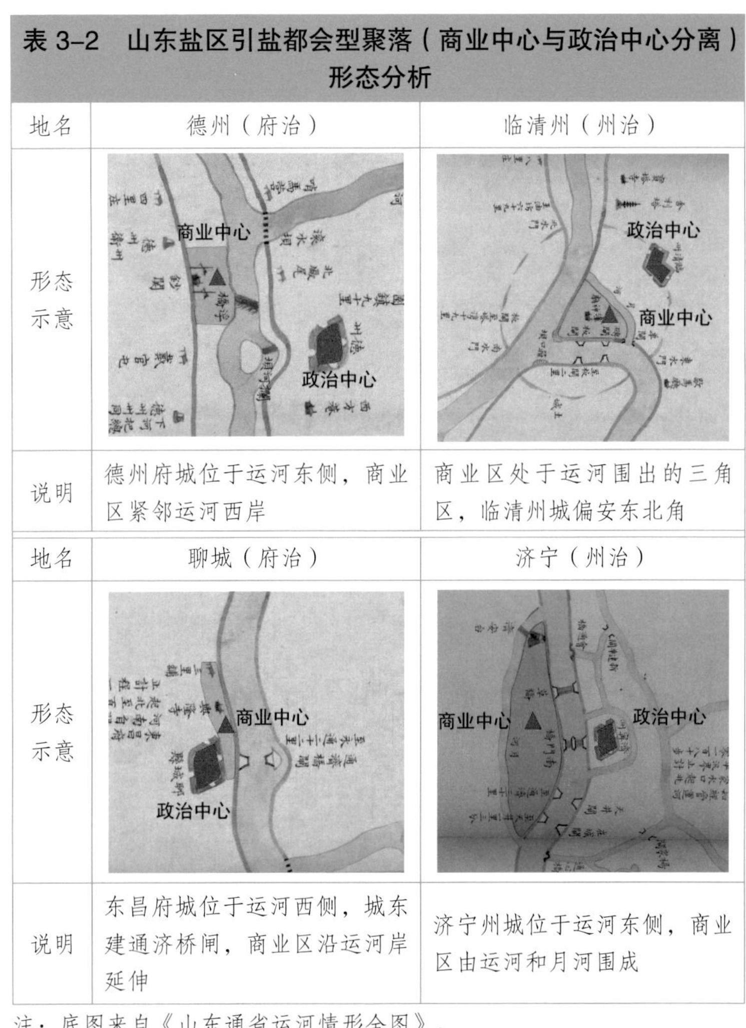

表 3-2 山东盐区引盐都会型聚落（商业中心与政治中心分离）形态分析

地名	德州（府治）	临清州（州治）
形态示意		
说明	德州府城位于运河东侧，商业区紧邻运河西岸	商业区处于运河围出的三角区，临清州城偏安东北角
地名	聊城（府治）	济宁（州治）
形态示意		
说明	东昌府城位于运河西侧，城东建通济桥闸，商业区沿运河岸延伸	济宁州城位于运河东侧，商业区由运河和月河围成

注：底图来自《山东通省运河情形全图》。

以临清为例，在山东运河疏浚通航前，临清尚是个名不见经传的地方县城，运河开通后，临清正处在卫运河与山东运河交汇处，北界直隶，西近河南，一跃成为扼据两段运河的大型都会城市，明清在此设有运河钞关收取往来船只商税。山东本省及来自江浙的商人可通过会通河转入卫河北上直隶京城，来自天津的长芦盐商沿卫河运盐时也在临清歇脚，临清由此成为山东盐商与长芦盐商转运汇聚之地。明代世情小说《金瓶梅》中的西门庆就是临清盐商，小说中曾多次谈及西门庆向巡盐御史蔡状元行贿以便能够即刻支盐，又找临清钞关官吏偷税以获取暴利的情节。

如图 3-11 所示，元代会通河、明代运河及卫河三河包围出一片相对较为规整的陆地，这便是临清新兴的商业中心与钞关所在处，又称“中州”。中州与临清城分离，经济活力与人口活动远远超过曾经的县城，后期更是为保护这个新的商业中心而在其周围围起新的土城墙，政治中心与商业中心分离，形

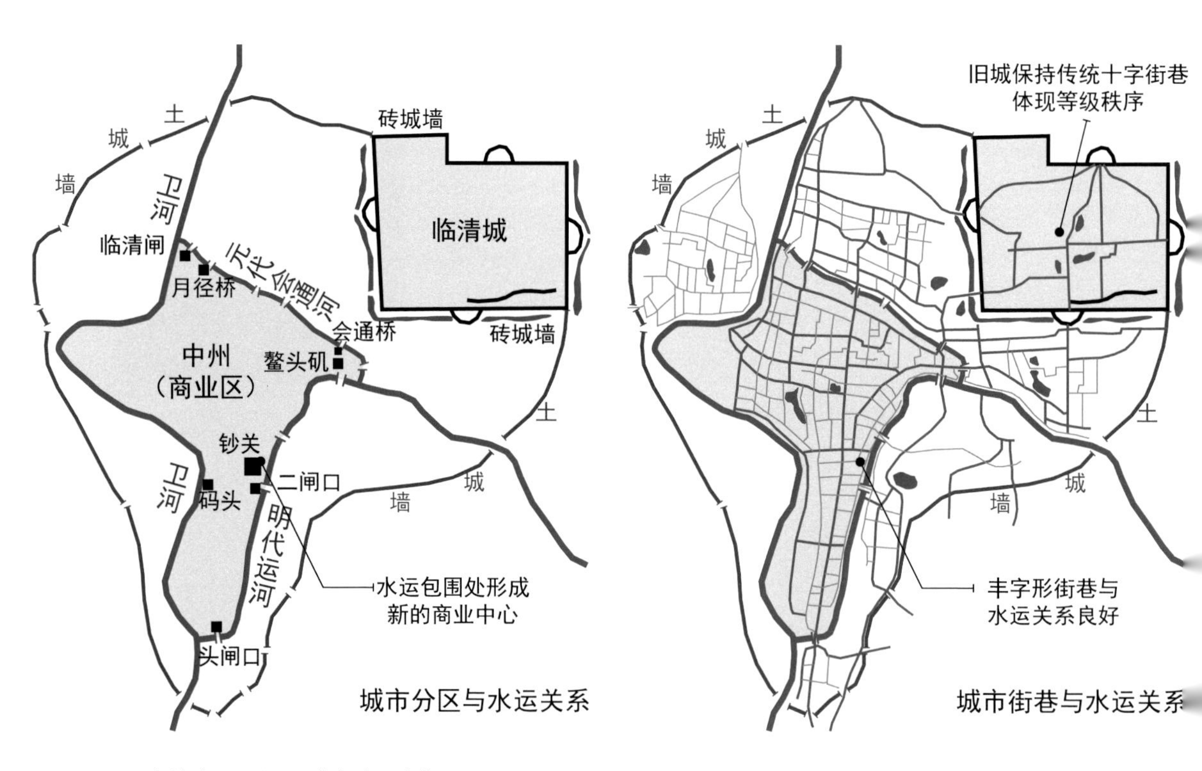

注：资料来源于民国《临清县志》。

图 3-11　明清临清城市格局与街巷关系

成了明清临清“城中之城”的奇特格局。从街巷关系来看，老城保有了秩序井然的十字大街格局，而中州商业街道为与水运保持良好关系，在临运河街道内自然形成“丰”字形街道格局，如今除青年路和桃园街北段的街道有所拓宽外，大部分街巷仍保持了传统的格局和尺度。

2. 在新兴码头集镇中，河道分城且商业区占主要地位

鲁西地区商业码头集镇的兴起完全仰仗于山东运河河道的开发和沿线以盐粮为主的商品贸易的繁荣，这些码头集镇的聚落形态是顺河道而自然形成的，商业、运输业和相关服务业在运河两岸分布，便于商品高效流通。在这类聚落中，商业功能大于政治功能，水道多穿城而过，以最大限度布置运河码头；商业街道顺着河的两岸继续延伸，繁华地带通常都在镇域中心临河处（表 3-3）。盐业码头阿城、张秋均是此类新兴码头集镇的代表，因食盐是其运河商品的大宗，故运河两岸散布盐码头与用于短期储存食盐的盐园。

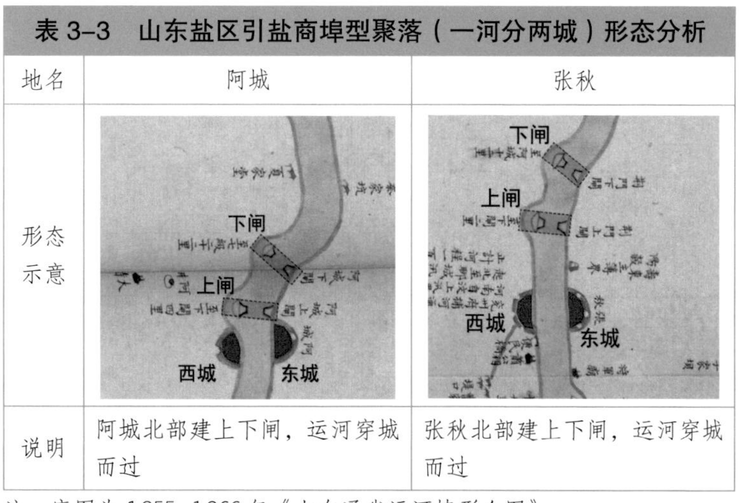

表 3-3　山东盐区引盐商埠型聚落（一河分两城）形态分析

地名	阿城	张秋
形态示意	下闸 上闸 西城 东城	下闸 上闸 西城 东城
说明	阿城北部建上下闸，运河穿城而过	张秋北部建上下闸，运河穿城而过

注：底图为 1855—1866 年《山东通省运河情形全图》。

以张秋为例，张秋是沟通大清河与山东运河的盐码头，“北二百里而为清源，而得其贾之十二；南二百里而为任城，而得其贾之十五；东三百里而为泺口，而盐筴之贾于东兖者十出其六七”[①]，旧时民间有“南有苏杭，北有临（清）张（秋）”之说。张秋全盛时，山东运河从中穿过而将城镇分为东西两部分，商业区沿河道生长发展，城中临河皆为繁华集市，沿运河延伸至城外的还有关厢街。城外运河下游建有荆门上闸与荆门下闸两座控制运河水势的闸口，山东运河水浅难行，闸口蓄水通行耗时良久，盐商在等待通行之际往往就近在张秋城中歇脚并进行商业活动，故张秋作为一个码头集镇，繁盛程度远超其所属阳谷县的县城，这正是运河和闸口积极作用的体现。

结合以上分析可以看到，山东盐区引盐古镇的兴衰与大清河和山东运河这两段水运线路密切相关：当航道畅通时，水运线路节点处都曾出现过大型商镇，而今大部分发展为繁华城市，如济南、聊城；而当咸丰五年（1855 年）黄河于铜瓦厢决口、改道大清河由山东利津入海并使得水运航道不畅时，大清河沿线市镇受黄泛影响严重，如蒲台、齐东两座古镇均被淹没，山东运河也被黄河截断，沿线码头集镇由盛转衰。

（二）票盐聚落的形态特征

聚落形态特征受到地理环境、经济形势、社会文化背景等多方面因素的交叉作用和综合制约。一般来说，影响乡村的主要外在因素是地理环境，平原地带的村落布局相对规整，在山区和丘陵的聚落则顺应地势，更为自由。同时，经济因素对商业集镇聚落的影响最为突出，明清时山东的东西大道连通了鲁

① 谭景玉、张晓波:《古代鲁商文化史料汇编》，山东人民出版社，2010 年，第 275 页。

中与胶东的广大区域，是票盐陆路运输的主要交通路线，大部分票盐聚落都处在这条担负货物运输重任的商道之上并因其而兴。青石板商道、沿街商铺、货物仓库及各路行商会馆为票盐聚落的组成要素。聚落多以商道为主轴，与村中连接商道的支巷共同呈现鱼骨状布局。票商常由同一家族成员担任，并以家乡为大本营聚族而居，故也存在血缘与商业（盐业经济）复合型聚落。山东盐区的票盐聚落在布局上主要有以下几种形式。

1. 商业主街垂直型

这种类型多出现在鲁北、胶东的平原地带。与外界联系的商道穿村而过，同时村落在发展过程中又形成与商道垂直交叉的大街，组成“十”字或“丁”形字大街的格局。村中其他巷道都在此基础上形成和延伸。此外，在两条大街交叉口通常建有庙宇、牌楼、戏楼、会馆等公共建筑和相应的公共活动空间。

如淄博市王村镇李家疃村，明清属济南府，靠近由历城到青州的东西干道并连通章丘、邹平、淄川三县。李家疃村是血缘与商业复合型票商聚落，清代，村中王姓子弟成为票商贩运食盐并财运亨通，此后族人广泛经营食盐、布匹、典当等多种行业并聚族而居，集资对祖居进行了大规模改建扩建。此后李家疃村逐步形成由南北大街和西门大街组成的“丁”字形主街，兼有五横三纵街巷骨架的团状空间格局（图 3-12），当铺街、盐店胡同、酒店胡同等以店铺和行业命名的街道反映了村落曾经繁荣的商贸活动，其中盐店胡同是自南北大街至西岗子街的东西巷道，王家曾在此设置家族盐库和销盐铺子，现为水泥路面。清末为抵御土匪和捻军侵扰，王家又动员村民筹资建起高大坚固的环村围墙，并设四个城门与炮台，如今圩子墙仅在西北角尚存一段残垣（图 3-13）。

图 3-12　李家疃村丁字街巷格局

图 3-13　李家疃村鸟瞰及街巷实景

在胶东民运票盐销售范围内，沿胶东半岛的这段东西干道又被称为登莱滨海古官道，其因连接胶东沿海诸盐场而对票盐运输至关重要。沿线商业聚落普遍建在离海不远的平原地带，街巷系统四通八达。由于清末胶东帮商人多北上经商，故而村落在保持原有胶东民居风格的同时，也带有些许北方大院民居的风貌。如招远高家庄子村形成东西、南北大街呈“十”字形的格局，两大街交会处为始建于明万历年间的关帝庙。村北部分传统街巷风貌十分完整，大街两侧屋宇低矮、石基白墙、砖勾门窗，沿街门楼两侧墙垣镶嵌有整体排布的拴马石。又如招远孟格庄村，三条南北长街与六条东西向的短巷道相交，主街相交处有老槐树和古亭作为村落的文化活动中心。两村皆为登莱官道上商业村落和家族村落合二为一的典范（表 3-4）。

表 3–4　山东盐区主街垂直型票盐村落对比

村名	村落格局	鸟瞰照片	备注
淄博李家疃村			街道垂直、“丁”字街格局
招远高家庄子村	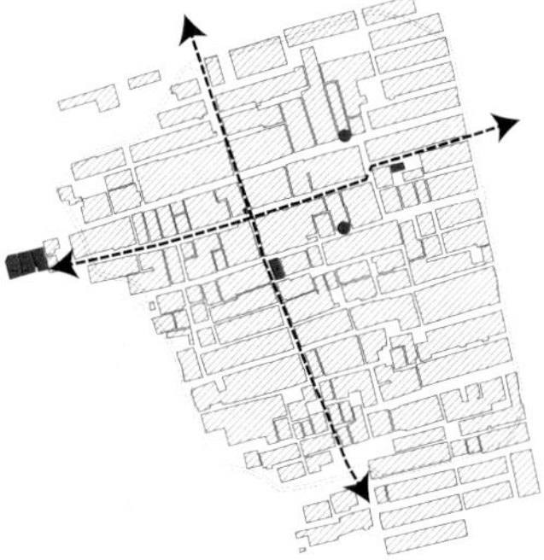		街道垂直、“十”字街格局
招远孟格庄村	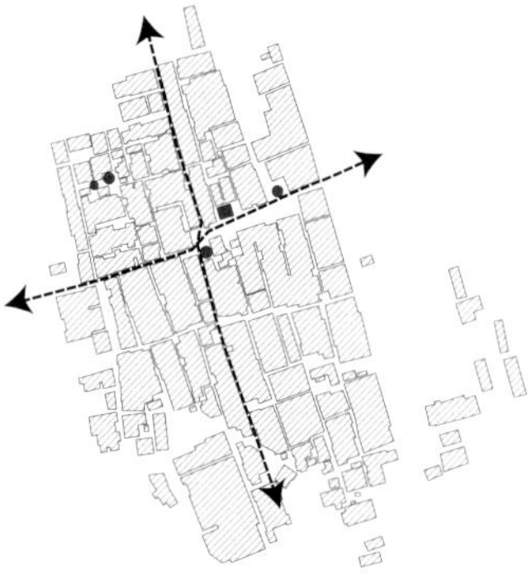		街道垂直、“十”字街格局

2. 商业主街与辅街平行型

山东盐区票盐陆运线路上聚落的街巷关系，除垂直相交形式外，还有主要街道大致平行的形式。此形式多出现在鲁中和鲁南的山地丘陵地区，与外界联系的商道平行地沿山地等高线蜿蜒分布，村落根据地势在其基础上呈带状展开，同时在不同等高线上形成与主街平行的辅街，主街与辅街之间有小路相连。一般在主街的入口与出口也会有大槐树、水井等明显的标志。如位于东西通道上的章丘朱家裕村，是鲁中山区前往章丘、济南的隘口。村庄处在三面环山的狭长地带（图 3-14），山泉细流顺着沟渠潺

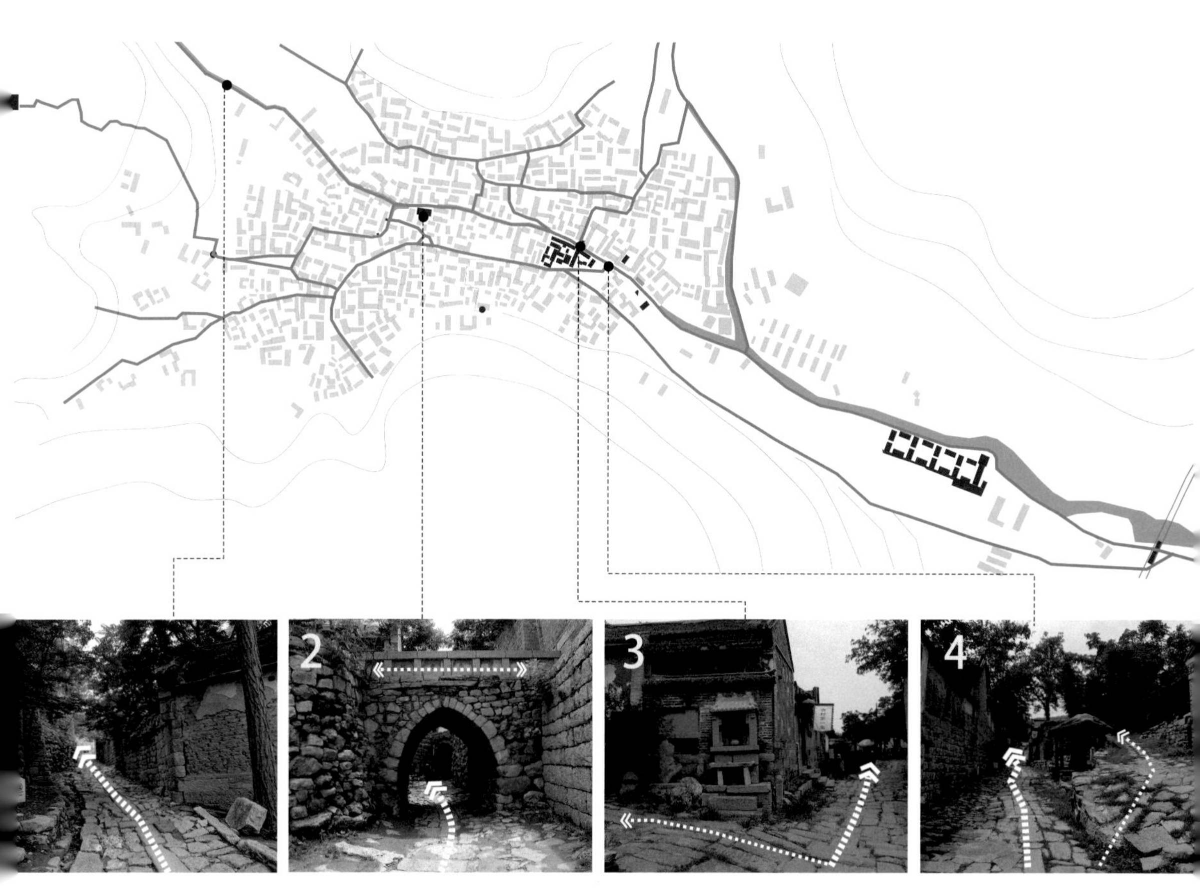

图 3-14 朱家裕村平行街巷格局及实景图

潺流下，向北穿过整个村子，最后汇集到村北水塘，为村落提供生活用水。朱家裕村南北向商业主街也顺着这条小溪形成，由大块青石铺就并在溪流明沟之上筑石桥通达各户，主街行至村中段又岔出与之平行的三条辅路，其间连以曲径巷道。

主街前半段又称“双轨古道”，即路面宽约 1.5 米，由两排 30 厘米宽的竖青石铺成，青石中间又辅以大块碎石，双轨距离恰好就是古时马车双轮间的距离。古道行至文昌阁，受山路限制又变为单轨，即中间铺整块青石、两边铺碎石。据村民描述，古时外来马车在此停留，商客皆步行进入村内。该古道始建于明代，清朝时重修，其石料用量之大展示了朱家裕村曾经繁荣的商贸活动与富庶景象。

通过对票盐聚落的分析可知，山东盐区的票盐运输均为本土商人的小区域活动，因陆路运输具有运输时间长、运销数量有限的局限，本地商人多自盐场拿盐后，以自己家乡为大本营就近销售，盐仓设在家乡、盐店分散于家乡附近村落，这些村落通过官道连通，辐射范围不会超过一府。这样的特点催生了在某一特定地域范围内通过盐业活动而联系紧密的村落群，它们以一个盐商家族的经营活动为纽带，通过陆运官道相互交流影响，最富饶的中心村落即该盐商家族的大本营，其往往对周边村落有着较大的影响力。

四、代表性运盐聚落分析

运盐聚落广泛分布于山东全省及山东与苏、皖、豫交界地带，它们随着盐业贸易的繁荣而兴盛。其中鲁西引盐聚落主要分布于水运交汇点或水陆转运节点上，鲁东票盐聚落主要分布于陆运交通节点上或胶东沿海丘陵区，空间布局形态均依附水陆交通干线而呈现出复杂多样的形式。

济南曾是大、小清河的汇聚点，两条东西走向的盐河源源不断地将海边的食盐运向济南。济南泺口码头是沿线最大的水陆运输枢纽，明《历乘》云：“泺镇，城西北二十里，商人贸易之处，胶莱分司驻焉，鹊山高峙，大清东流，楼船往来，亭阁飞甍，诚一巨镇。”泺口码头盐运船只穿梭往来。清末山东运署更是为其修建了专为运盐之用的轻便铁路，因其连通了小清河黄台桥码头与泺口码头而得名“清泺小铁路”。自小清河运来的食盐先集中于黄台桥，然后转运至泺口，经由津浦铁路或黄河水道运往鲁西、江苏、河南等地，水路与铁路相辅相成使得泺口的基础设施与运输网络更加成熟。如今的泺口在黄河北岸已无城镇印记，南岸仍保持半圆形格局，城中街巷沿河平行展开，路网骨架较为方正（图 3-15）。小清河岸边尚有盐仓码头和运盐铁路遗址，盐仓码头古亭正反各配“盐库盈辉”和“古仓漾玉”匾额一对，体现出盐仓码头曾经的熙攘繁荣。

图 3-15 济南泺口半圆形格局及盐业遗址

又如阿城是山东运河段重要的盐码头，处于南北水路和东西陆路的交通要津。盐商溯大清河将食盐运至东平鱼山脚下的南桥镇后，再将盐下船转车运至阿城，又自阿城弃车转小船入山东运河，故阿城为大清河段转至山东运河段的车船更替必经之所。山东运河由阿城城中穿过，城内有大小街巷三十一条。粮铺、盐店、布市、牛马市等云集一处，市面极其繁荣。实地调研发现，阿城传统运河街巷格局总体不复存在，但仍依稀可见传统的阿城运河与越河（又称月河）相拥的运输水道格局，古运河航道东面有越河与之首尾相连、穿城而过，两者包围出阿城的主要商业区，现代新修的灌溉干渠则在远离城镇的西面。盐码头阿城曾设十三家盐园用于储盐，更有盐运司协管盐商盐运事务，运司会馆由居住在阿城的山西盐商和阿城盐运司联合在海会寺中择址修建（图 3-16），其既是山西会馆，也是盐运分司官署。

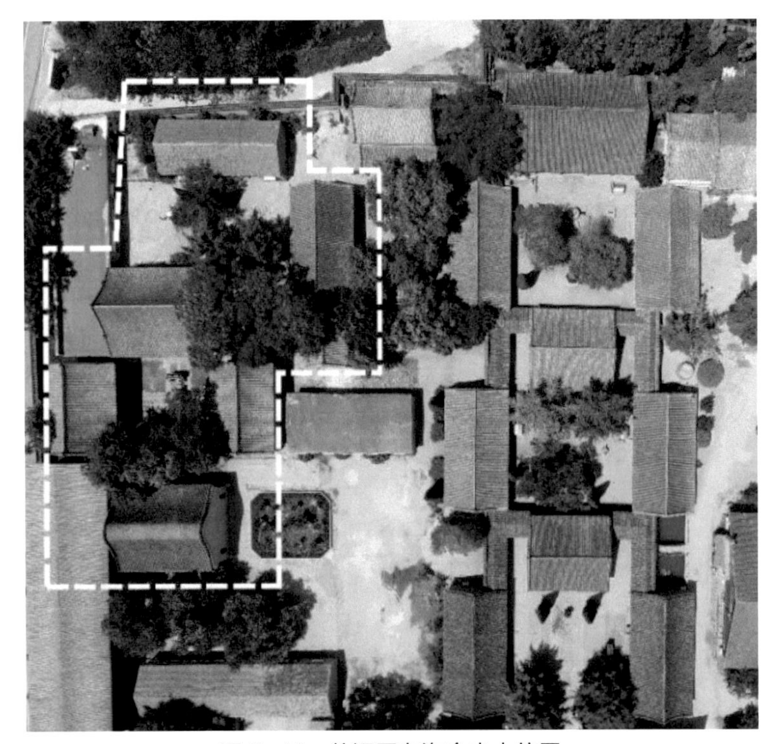

图 3-16　盐运司在海会寺中位置

第四章

山东盐运古道上的建筑

第一节
盐业官署

一、盐业官署的类型

官督商销是明清食盐运销的主要形式。所谓官督商销，就是政府控制食盐的专卖权，通过设立相关盐政机构，招商认引、划界行销、规定课额，并对商人纳课、领引、配盐、运销进行监管，同时还借助于相应的商人组织进行管理。《清盐法志》记载："以盐务根本在场产，枢纽在转运，归墟在岸销。"在山东盐运具体事务的管理上，官府的直接把控主要体现在设有大量盐政机构与盐业官署对产、运环节加以管理，而在岸销环节中，官府更多的是间接通过盐商组织来协管当地盐业。

为确保产、运环节正常运作和控制食盐专卖，官府在运盐线路沿线设立盐场大使公署、转运盐使司等控盐机构，这些控盐机构各司其职，其级别、职能等方面的区别导致其官署选址各有不同。

（1）盐场大使公署——控制盐场生产的基础机构。大使公署管理盐场盐业生产和商人赴场等诸项事宜，选址位于各沿海盐场中心并靠近运盐河及仓储地带。

（2）盐运司衙署和批验所——控制转运的高一级别机构。其中批验所必设于大清河这一盐运通道上并掌管关口批验盐引，运司、分司衙署设于交通枢纽处，并管辖盐场和批验所的一应运销征税、稽查私盐等事务。

（3）山东巡盐御史司——监管山东盐区所有控盐机构相关事务的最高级别机构，代表中央朝廷监管山东盐区盐务，故其选址必然在政治地位与盐运枢纽地位同样优越的省城济南。

二、盐业官署的特点

在盐场的生产管理方面，各盐场设置有盐场大使公署，隶属运司、分司。嘉庆《山东盐法志》中诸盐场图均详细标明了各盐场大使公署的位置，大部分还绘制有细致的立面形象，大使公署等管理机构处在盐场的中心位置，同时靠近仓储区和运盐水道，以方便盐场大使的管理和监察盐场活动（表 4-1）。关于盐场其他功能区域分布的具体分析在前文已有叙述，于此不再赘述。

表 4-1 山东盐区各盐场大使公署对比

描述	建筑图片	描述	建筑图片
临大清河，主轴线上有两进院落，有侧院一进。布局不规整	 大清河 坨字巷 署公使大	不临河、靠近仓储区。两进院落，布局比较规整	 署公使大
永阜场大使公署		永利场大使公署	
临小清河，两路三进院落，占地广，办公与仓储分区明确	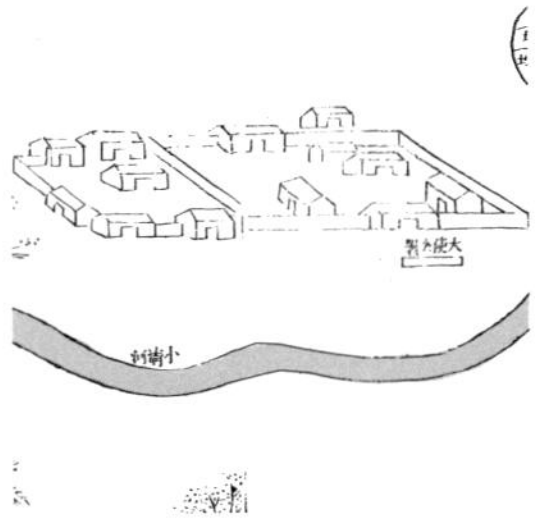 署使大	临洱河而建，仅有四合院一进，面积不大	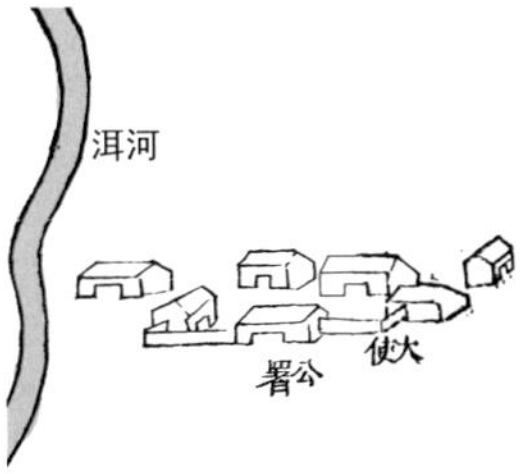 洱河 署公 使大
王家冈场大使公署			官台场大使公署

（续表）

描述	建筑图片	描述	建筑图片
临盐场运盐沟，两进规整院落，轴线对称。旁建有孙公庙		临万岁河，两进院落，占地广。大门前有影壁与文庙碑	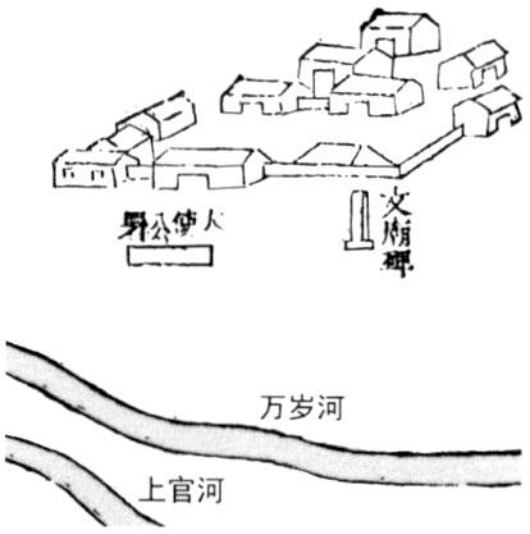
富国场大使公署		西由场大使公署	
靠近盐场关帝庙，有房舍数间、分散布局，无明显轴线	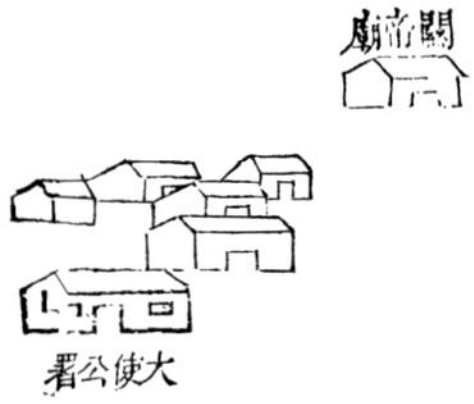	位于山坳间。除主院为四合院，其他房舍均自由布局	
信阳场大使公署		涛雒场大使公署	

注：底图来源于嘉庆《山东盐法志》。

在转运方面，清政府在大清河这一盐运动脉两岸设置批验所对食盐进行掣验并核对盐引数额。批验所建筑群由掣验盐包的称掣厂、核批运输资格的批验所、存储盐包的盐园组成。清代在山东设有蒲台批验所（今滨州市南）及泺口批验所（今济南市北）（表4-2），均处在大清河畔。引盐溯大清河而上，先过蒲关，再过泺关，掣验均合格方可入盐园，因此泺口批验所沿岸设有大量储盐盐园。

表 4-2　山东盐业批验所

蒲台批验所	
以蒲台批验所、滨乐分司和称掣厂为其主要组成部分，沿大清河南岸依次布置，均为轴线对称的庭院式布局。批验所建筑群外围还建有玄帝庙、晏公庙、关帝庙、三官庙等宗教建筑	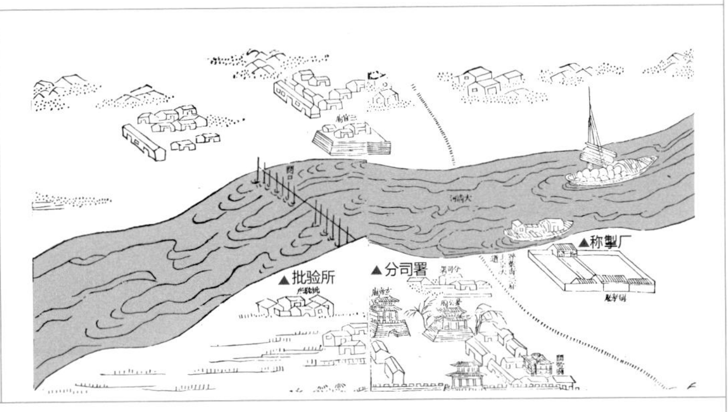
泺口批验所	
由泺口批验所、称掣厂、官厂及“通、达、顺、流”四大盐园组成，仓储用的盐园占地广，批验所、称掣厂等官署在外围布置，起到保护作用	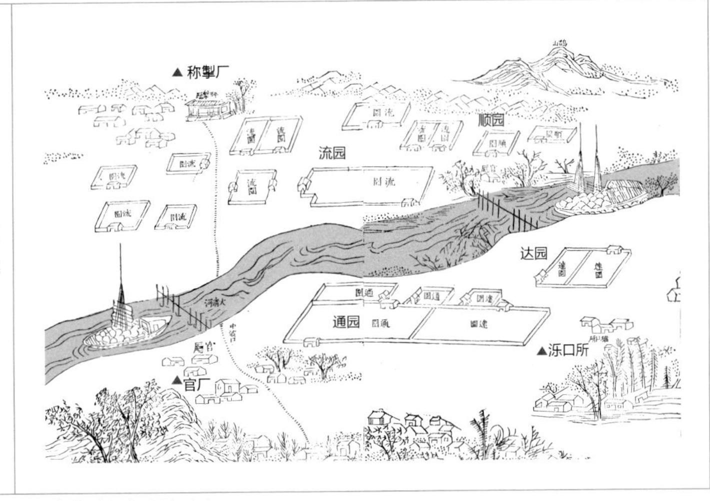

注：底图来源于嘉庆《山东盐法志》批验所组图。

此外，在重要转运节点还设有盐运司统管运盐事务、稽查私盐（表 4-3）。山东盐区设山东都转盐运使司运使一员，作为山东盐运事务最高级别长官常驻山东盐运第一级枢纽——省城济南，掌管食盐的运销、征课，钱粮的支兑拨解，盐属各官的升迁降调，各地的私盐案件，以及缉私考核等。此外，运盐关口也会设有盐运分司，如蒲台批验所的滨乐分司等。

<table>
<tr><th colspan="2">表 4–3　盐运司衙署</th></tr>
<tr><td colspan="2">山东盐运司衙署</td></tr>
<tr><td>山东盐运司衙署驻济南，统辖山东盐区，规模庞大，形制严整。其平面共五路，中路主轴足有十四进，外有高墙围住建筑主体与后花园</td><td>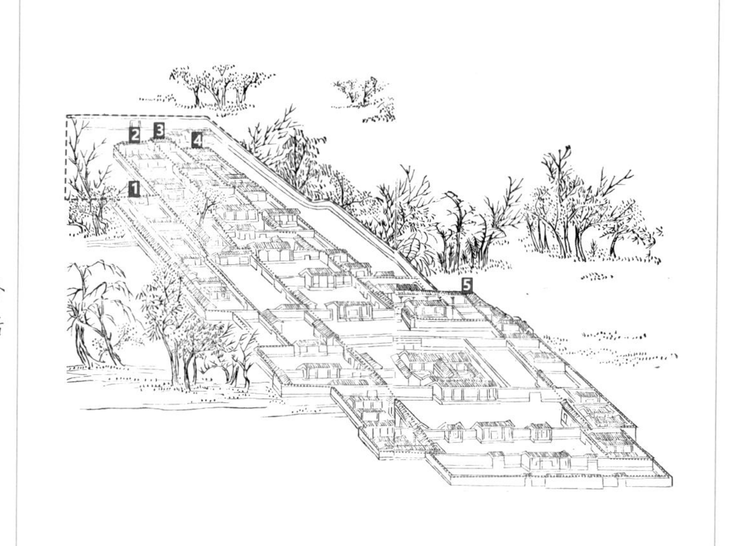
</td></tr>
<tr><td colspan="2">滨乐分司衙署</td></tr>
<tr><td>滨乐分司驻蒲台所，平面布局分三路，主轴七进，一进院前设影壁，左右为牌楼，后为前殿，经过穿厅、垂花门共三进才至五开间主殿，布局规整，十分庄重</td><td>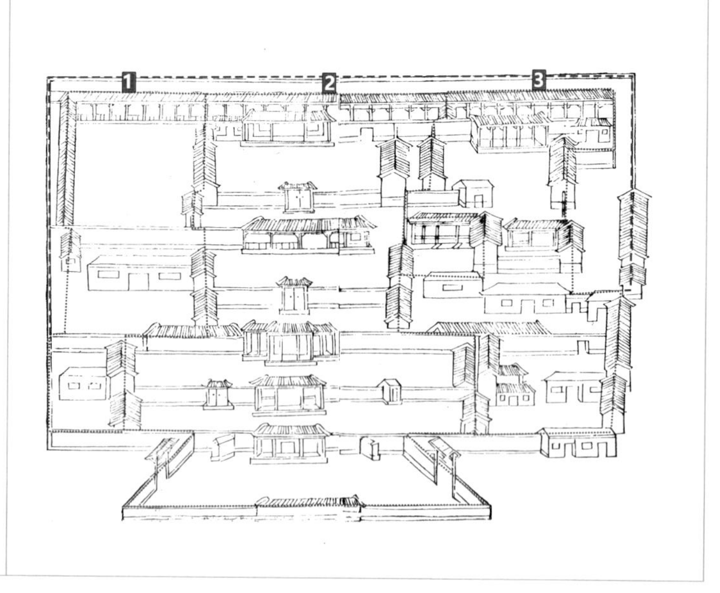
</td></tr>
</table>

（续表）

胶莱分司衙署	
胶莱分司规模最小，平面主轴一路六进，前为办公区域，后自两层楼阁起为居住空间，左右为狭长的更道连通各院	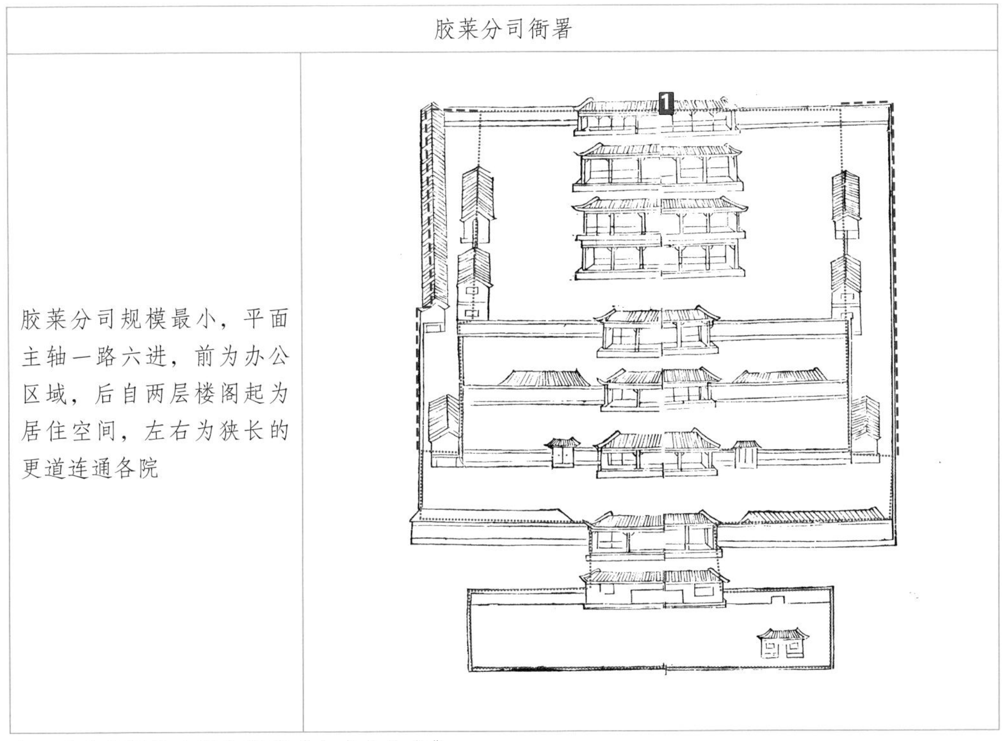

注：以上底图均来源于嘉庆《山东盐法志》。

在盐务监管上，政府又另设有巡盐御史司监管山东运司事务。巡盐御史，或称盐课监察御史、盐政监察御史，雍正后一般简称盐政，是户部差遣至各盐区的最高盐务专官，统辖一区盐务，任期一年。清廷对山东盐区的监管屡有更改，雍正时由长芦巡盐御史协理，道光十二年（1832年）后因山东盐务繁杂又将山东盐务改归山东巡抚管理，宣统年间由山东巡抚兼会办盐政大臣（表4-4）。

表 4–4 巡盐衙署	
巡盐御史衙署	
济南不是巡盐御史长居之处，故衙署仅三路六进，但平面布局规整且规格在控盐建筑中最高。前殿前为影壁，左右各一座四柱三间三楼式牌坊，院内立石狮及冲天旗杆各两座。往后经过穿厅即为主殿，七开间“工”字形平面，后为花园，建筑整体极为精巧华丽	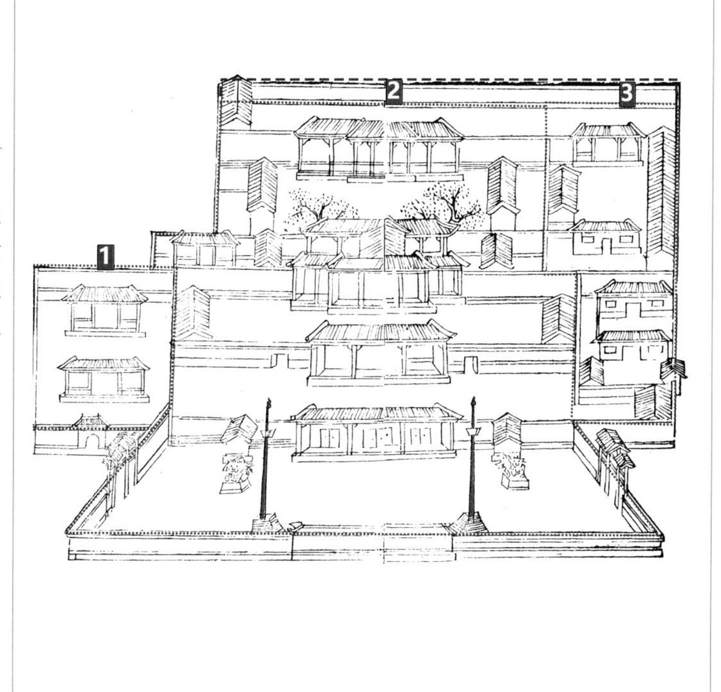

注：底图来源于嘉庆《山东盐法志》。

由以上分析可知，清廷在山东建造巡盐御史衙署、盐运司衙署、批验所及各盐场大使公署等一系列的控盐建筑。其中以巡盐御史衙署等级最高，各盐场大使公署数量最多。控盐建筑均由官府修建，一般为规制严整的合院建筑组群，布局以多条轴线并联为主；平面功能大体相同，主要的办公空间位于主轴线上，两侧分别布置辅助用房；又根据级别的不同，在建筑装饰和构筑物的布置上稍有区分。

三、代表性盐业官署分析

（一）烟台福山盐场社区登宁场大使公署

福山登宁场大使公署是山东诸多盐场中唯一现存的大使公署建筑（图 4-1）。由于临近登宁盐场，明洪武年间登宁场盐务大使在此建盐课司官署，清沿明制。其后登宁场于清道光年间并入掖县西由场，大使公署则被当地商人购入而变为民宅

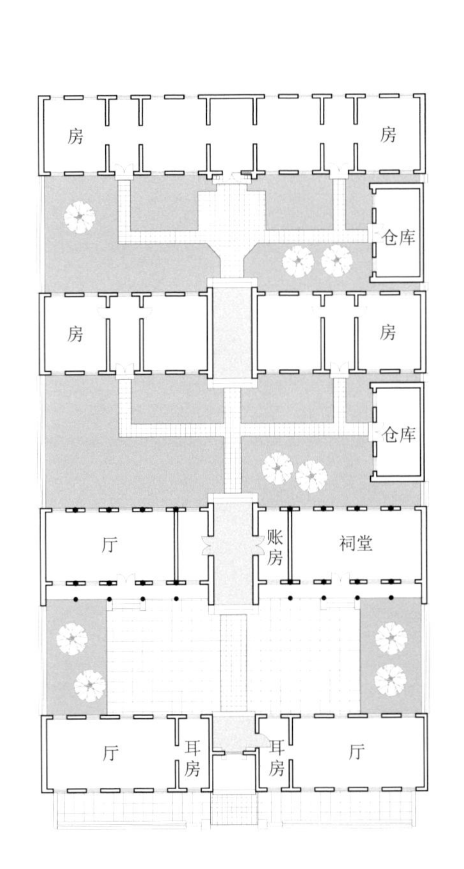

图 4-1　登宁场大使公署平面及实景图

庄园，几经兴衰更替，现仅余一组合院建筑遗存。今登宁场大使公署位于烟台福山盐场社区，当地人习惯称之为王氏庄园、大成栈遗址，皆是以王姓商人姓氏和店号命名。登宁场大使公署现存一路建筑院落组团，坐北朝南；沿中轴线排布主体建筑四进，每进十一间，围合出东西长院共三进；过道居中，建筑依次排列，秩序井然。

其建筑主体均为十一开间，人若离得近便见不着其立面全貌。第一进房大门占当心间，门槛高至人膝，门前一对整石砌门墩，临街立面宽阔气派（图 4-2）。踏入门内向里望去，第二进房、第三进房皆以正中一间为穿堂过道，第四进房当心间修雕花门楼，与入户大门遥遥相对，形成“两门两洞口”的笔直的中轴线，串联起三个院落空间。值得一提的是，虽然倒座、过厅和正房等主体建筑同宽，使得各院落空间尺度近似，但细微之处又能见差别。如第二进院中，由于正房前出檐，设明柱，明柱上有雀替，雕刻精细，使建筑与整个院落相对来说更加庄严肃穆，空间层次也更加丰富。在第三、四进院中，东侧均建有三开间厢房用作用人住处和仓库，厢房小巧别致，又有小道与中轴相连，旁栽绿植，丰富了院落景观。

图 4-2　烟台福山登宁场大使公署第一进房门口及中轴线

登宁场大使公署主体建筑均为木质梁架、砖墙围合，第一、三、四进房为五檩房架，第二进房为正房，规制更高，为七檩房架、有外廊。房屋均为小瓦铺顶，为避免越制，每进房子的当心间门洞之上的屋脊单独起造，两侧东西五间再各造一脊，故每进房屋屋脊共三脊，由三角形的装饰构件相隔（图 4-3）。基座与山墙则由大块石条铺就，做工精细，接缝严密（图 4-4、图 4-5）。

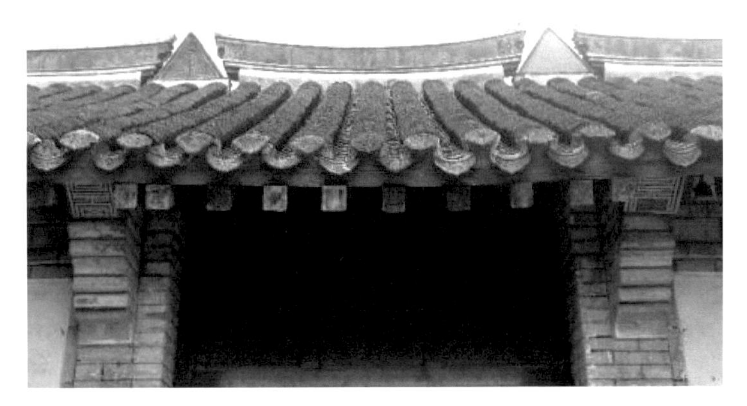

图 4-3 三段屋脊

图 4-4 檐口细节

图 4-5 起翘

登宁场大使公署的平面形制规整、院落宽阔，具备官署建筑的一般特点，同时不论是建造之初还是后来整修，建筑在装饰艺术上都能较好地体现胶东本土特色，如墙体厚实、开窗小，外观朴实又十分注重细部装饰：屋顶高脊横卧，脊角微翘；石门墩四面雕花，墀头檐部均线脚细密，展现了精湛的雕刻艺术。登宁场大使公署整体建筑中轴对称、古朴典雅。由于历史的复杂性，早年建筑为官署建筑，后又被废弃改为民宅，在进行大规模整修时虽已进入民国，但格局仍沿清代旧制，其风格既融合了胶东庄园的特征，又保有官署建筑高大浑厚的气势。

（二）聊城临清运河钞关

明代全国设有八大钞关，其中七座均位于京杭大运河沿岸以便对过往船只征收商税，盐船税收是商税的重要组成部分。因临清为卫运河与山东运河交汇节点，临清中州商业区运河岸边就设有一个钞关。明代临清钞关的重要性居全国钞关之首，万历年间临清钞关征收税银占全国所有运河钞关征收税银总数的四分之一，而山东一省课税折银尚不足其十分之一。今临清钞关为京杭大运河沿线仅存的钞关建筑，从其复原模型可以看到盐店胡同紧临钞关和运河闸口设置，盐商在关口起岸入钞关缴纳税课、办理一应手续后方可入盐店胡同进行贸易活动（图 4-6）。

临清钞关自运河以西曾依次有正关、阅货厅、牌坊、玉音楼、正堂、后堂、仓库、后关、官宅等建筑，纵深规模约在今前关街与后关街两街道范围内。钞关现存两进院落（图 4-7、图 4-8），前院为公署办公区，后院为仓储区，南部住宅区则大部分已成为民居。建筑多为硬山屋顶、青瓦屋面，除仪门、南北穿厅和后堂等建筑主体外，其余房舍遗址均被围合保护起来，以尽量保证建筑格局的原真性。

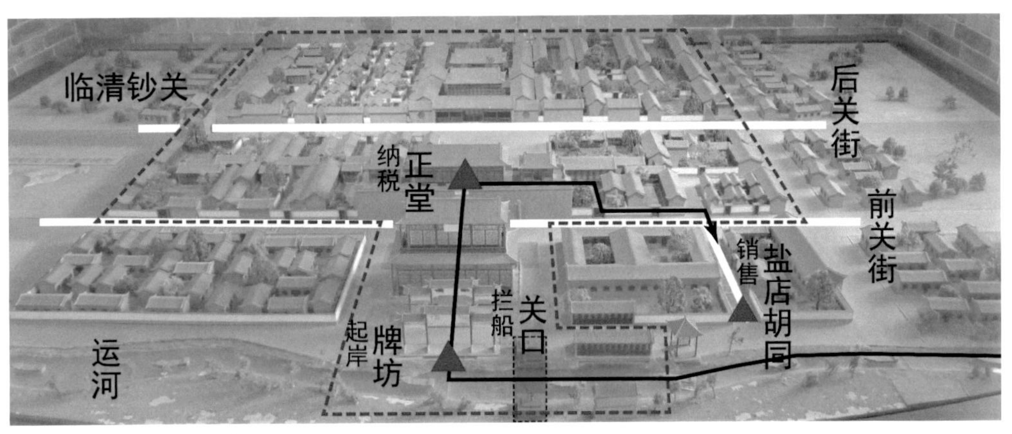

注：底图摄于临清钞关。

图 4-6　临清钞关、运河及盐店胡同位置关系图自绘

注：底图摄于聊城运河博物馆《临清运河钞关图》。

图 4-7　临清钞关图

图 4-8　临清钞关正门

第二节
盐商宅居

盐商宅居是盐商为久居或短期居住在盐销地而出资建造的民居宅邸，由于山东盐区的盐商是食盐运销的直接参与者，其宅居必然受到盐运古道沿线文化交流与盐业经济的诸多影响，并直接反映出宅主的财力与审美倾向，下文将对盐商宅居进行深入分析。

一、盐商宅居的类型及选址

山东盐区的商人人数庞大、构成复杂，财富资产也存在着较大差异，总体来看，活跃在鲁西山东运河沿线的引商要比奔波在山区和沿海偏远地区的票商富裕，但在清代放宽对票商的限制后，也不乏把盐业经营得有声有色的地方豪强。因盐商财力及对功能需求的差异，山东盐区的盐商宅居可分为店铺民居与宅院民居两类。

（一）店铺民居

店铺民居多出现在山东引盐区的山东运河沿线城镇，位于这些城镇的某条专供食物销售甚至是专供食盐销售的商业街上（图 4-9、图 4-10），如济宁竹竿巷、临清纸马巷等。食盐被盐商运至岸销市镇，虽不需要进行复杂的制作，但需工坊满足成盐的分包、精制和储藏等要求。大盐商实行雇工制，自有掌

图 4-9 七级运河古街

图 4-10 濉溪老街

柜和伙计看管盐铺、工坊，小盐贩则多为家族合力经营，资本有限，其制盐工坊常就近设在商业街的盐铺之后，形成“前店后坊”的格局。随着家族人员的扩充，其建筑功能更加复杂细化，有些店铺依旧设在前面，负责处理对外交易，其后为工坊和办公场所，再后为居住空间，形成了“前店中坊后宅”的建筑形式。

（二）宅院民居

食盐经营极易获取暴利。为享受更为舒适安逸的生活，财力雄厚的大盐商修建宅邸时多与店铺脱开，在离水运码头和商业区不远的僻静街巷另觅场所，大兴土木建造由多个院落组合而成的大院民居。盐商作为商人群体，传统礼教观念相对淡薄，对宅居的院落布局不强求严谨的秩序，而重视与水道、街道的关系。以临清为例，北方大院的正房以坐北朝南为佳，但是临清盐商大院普遍关注与运河的关系，在主次有序的前提下，空间灵活，延伸自如，体现出临清民居宜居第一、规矩次之的建设理念，临清的冀家大院即为此类（图 4-11）。又如地处山地的章丘朱家裕村，盐商宅居虽为合院布局但并不规整，能够依形就势进行布局，从而与起伏的山地环境相协调（图 4-12）。

图 4-11　临清冀家大院

图 4-12　章丘朱家裕村宅院民居

二、盐商宅居的特点

（一）盐商宅居的平面形态

建筑的平面形态是由其基本单元以特定的组合方式组织而成，在分析复杂的民居建筑平面形态时，必须找到其形态要素与组合形式。山东盐商宅居平面基本要素可分为院落、厅堂和侧室，它们通过不同组织方式形成“排屋”和“合院”等基本单元，基本单元再沿着中轴线纵向扩展为进院，又在横向上增加平行的院落为跨院，由此形成各中、大型盐商宅居所呈现出的几进多路院落的丰富平面形态。排屋单元和合院单元的平面组合见图 4-13。

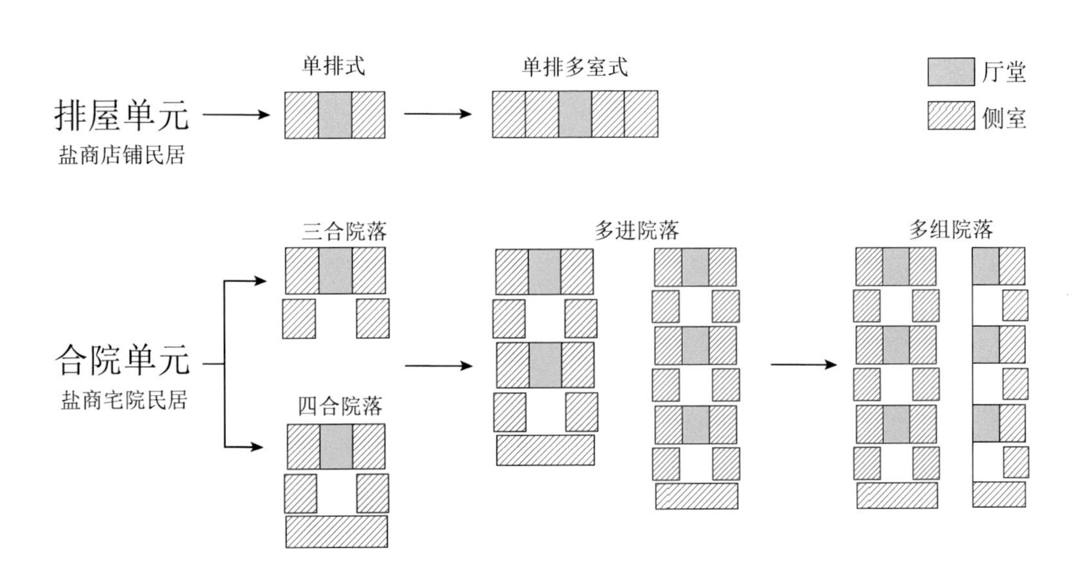

图 4-13　盐商宅居基本单元组合示意图

在调研过程中发现，单一以排屋单元进行组合的形式多在一般民居或盐商店铺民居中出现，而山东盐区中现存的盐商宅居仍以院落式民居为主要形式，院落空间以图 4-13 中的三合院、四合院为典型代表，其余的院落空间多是从这两种基本形制演化派生而来，具有与其相似的空间形态特征。具体有以下几种平面类型。

1. 一正两厢型

“一正两厢”属于最常见的形制，正房为排屋单元、两侧纵向厢房在正房前面围合出三合院，入口处或设门楼与门罩，或砌矮墙稍做围合。在房屋布置方面具有层次性，其中以正房体量最大，居中，厢房则处于次要和陪衬的位置，高度上比正房稍低（图 4-14）。院落空间的大小视宅基范围和地形高差来自由安排，一般情况下都能保持北方民居较大的庭院尺度，如聊城张秋陈家大院（图 4-15）、济南鞭指巷泰运昌辰旧址等。

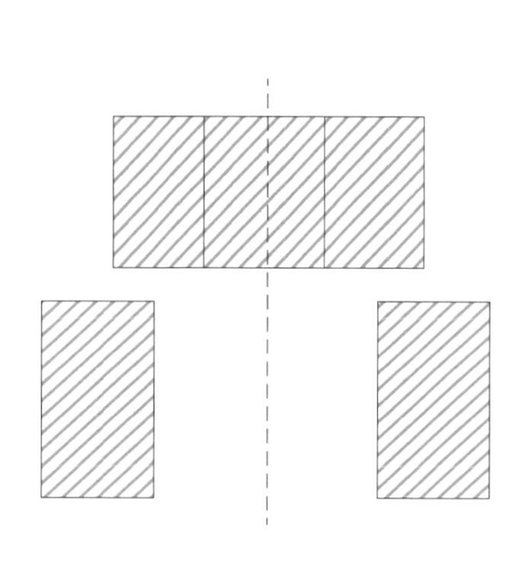

图 4-14　一正两厢型示意图

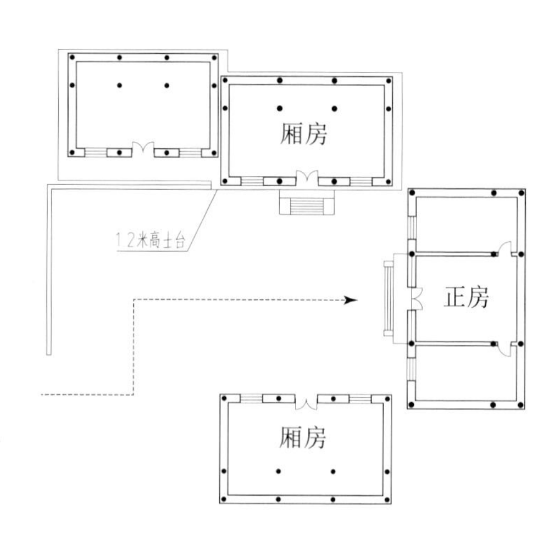

图 4-15　聊城市张秋镇陈家大院平面图

2. 四合院落型

此类型是将三合院中与正房对应处做成围墙或倒座房，并留出倒座中一间修建门楼作为进出通道。若院落坐北朝南，正房又称北屋，倒座又称南屋，围墙将东西两厢和南北屋连接并围合出院落空间，院落尺度根据地形和屋主财力情况而有大有小（图 4-16）。大门的位置多偏在东南隅，不强调立面对称，入口处正对厢房山墙面，往往有雕花影壁作为装饰和对景，既能确保合院的私密性又能彰显屋主的贵气。具体实例包括聊城临清汪家大院、济南鞭指巷泰运昌辰旧址、章丘朱家裕村朱氏宅院（图 4-17）等。

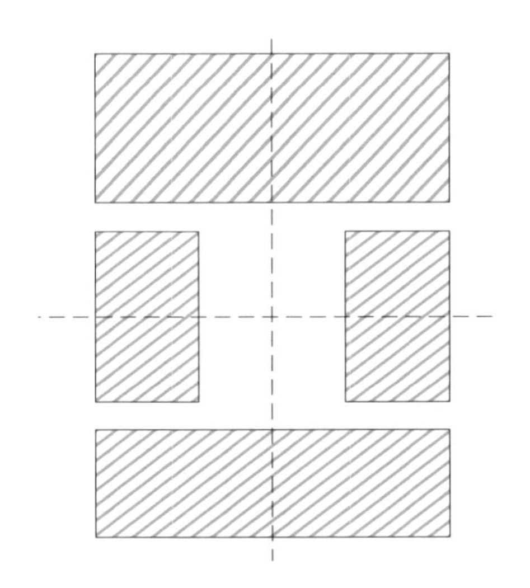

图 4-16　四合院落型示意图

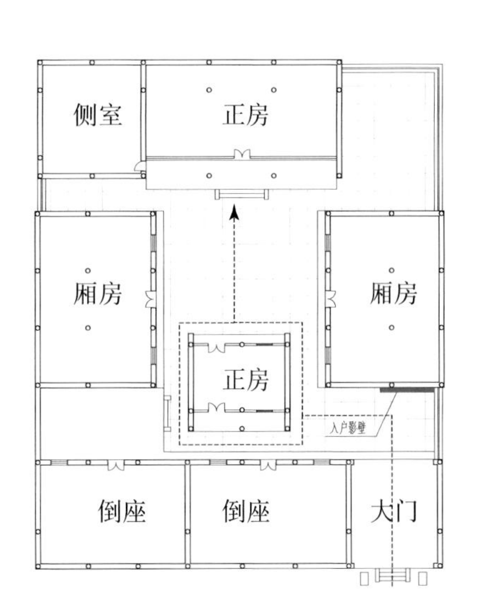

图 4-17　章丘朱家裕村朱氏宅院平面图

3. 纵向合院型

此类型由四合院落型根据地形进行纵向发展而成，是山东盐区盐商宅居中较为常见的一种类型。以二进院落为例（图4-18），前院由大门、倒座及两侧厢房组成，为接待客人及公共活动的空间，后院由正房、后罩房及两侧厢房组成，为储藏和放置杂物的空间，也有后院建出两层楼阁作为女眷居所，院落间则以门或过厅相连的例子。如淄博市周村区李家疃村宅院、临清市冀家大院（图4-19）等。

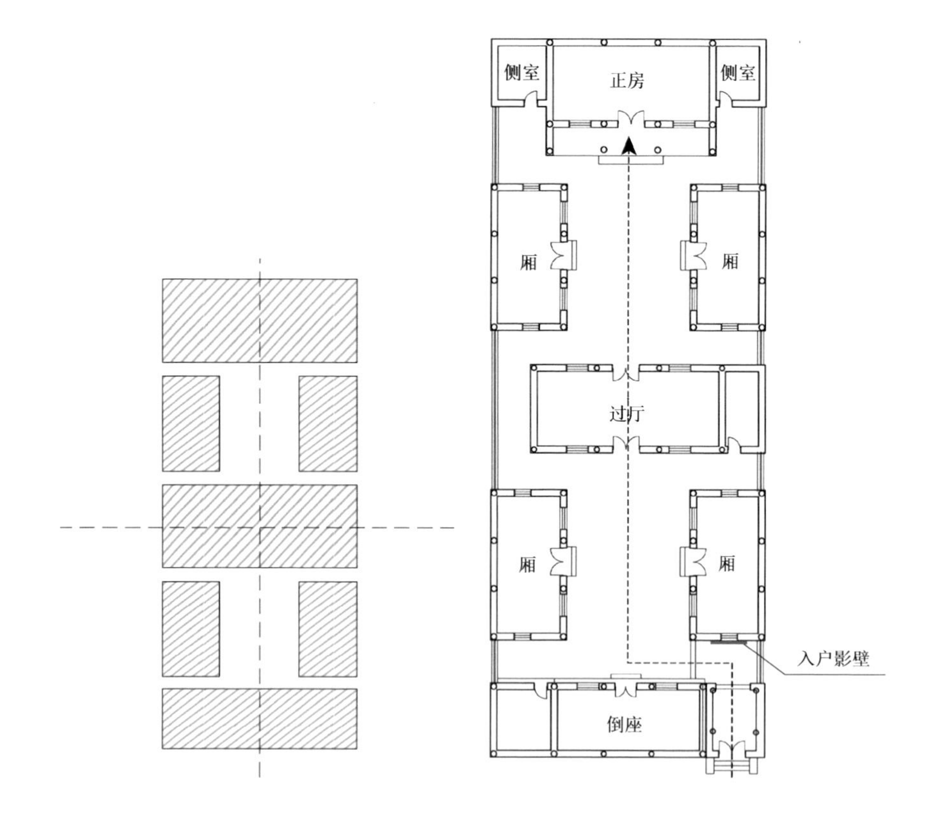

图4-18　二进纵向合院示意图　　图4-19　临清市冀家大院主院平面图

4. 并联合院型

并联合院是由几个纵向合院并排形成，跨数根据盐商家族人口与财力而定，以一到三跨为多（图 4-20）。盐商往往资力雄厚、同族贩盐、聚族而居，宅居再以商号分家，如一组并联合院内，中间一路为老爷本家院落，左右各路是旁支商号，中间以狭长巷道连通；在规模和财力都达到极盛时，会出现几组并联合院聚集的情况，每一组并联合院为一个商号，平面上虽互相独立，但仍建在一起，族人守望相助，如济南市鞭指巷陈冕状元府（图 4-21）、滨州惠民县魏氏庄园等。

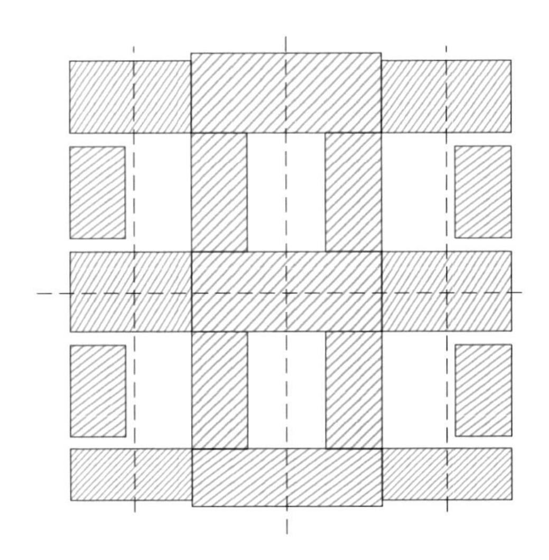

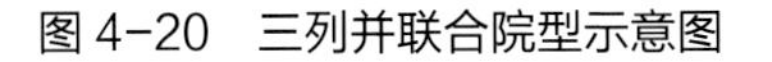

图 4-20　三列并联合院型示意图

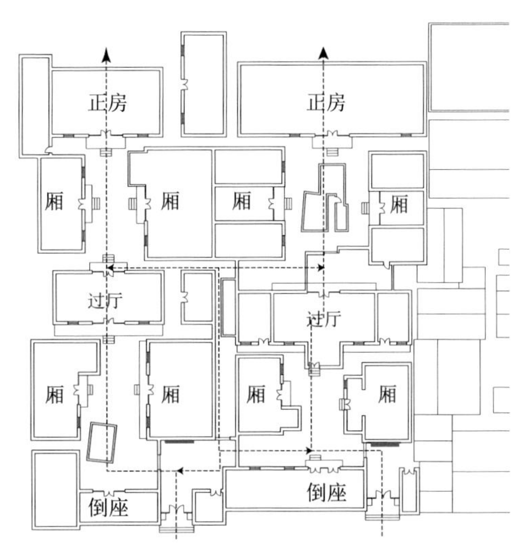

图 4-21　济南市鞭指巷陈冕状元府平面图

（二）盐商宅居的空间组织

“盐”为官有资源，区别于一般食品，盐商亦区别于经营绸布、百货等的普通商人，不论领盐数额多寡和经营体量大小，他们都是与官府联系极为密切的官商，非常重视自己的身份地位，其宅居作为日常生活起居与交友会客的重要场所，自然也马虎不得。山东运河沿线盐商宅院空间形态的构成元素通常包括：宅门、影壁、正房、厢房、耳房以及倒座、群房等，这与北方传统四合院的形态组成要素基本一致，是宅院规模和空间组织的重要体现。

1. 入口空间——宅门

入口空间是宅居空间序列的起点，包括宅前空间、宅门、入户空间及影壁等元素。其中宅门彰显着盐商的资本实力，是建筑中的重要表现部分，宅门朝向与院落轴线一致，一般位置偏于东南或西南角。在形态上，盐商大户的宅门常采用屋宇式大门，或是独自成栋的“门屋”，或是倒座与出入口结合的“门塾”，同时左右以高大的墙体围合，以彰显其豪奢之势。

商人攀比心重又爱争面子，兴建坚固高大的宅门（当地又称“高门”）成了当时的风尚，临街高门更必须高大坚固、雕刻精美、用料上乘。正因使用者对高门如此看重，作为票商王氏销盐储盐大本营的淄博李家疃村虽历经战乱和破坏，但如今古民居中保存完好的高门数量依然极多，相比之下其宅居内部院落与房屋却坍塌严重，大部分宅院入门后仅剩残垣断壁。

宅门——以李家疃村“高门”为例

李家疃村的高门多为三檩墙柱式门楼，以局部装饰为主，檐角微翘，墀头雕刻细腻，整体保存较好。

淑仕门

淑佺门

淑仁门

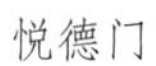

悦德门

悦行门

亚元府

2. 室外空间——院落

院落指建筑组群内部围合的、用作室外活动的场地。北方院落尺度普遍较大，朝向院子的建筑物相互间隔也大，屋顶不交接，其间连以院墙和廊，室内外区别明显。山东盐区的盐商宅居地处北方，具备以上这些普遍特征，以院子作为宅居的核心，对各类用房进行串联与并联，形式多种组合，如聊城市临清冀家大院。此外，由于地形的限制等，商人宅居也会存在院落与天井混合出现的情况，在这种情况下会尽量保证主屋前的院落拥有足够大的使用面积，如潍坊市杨家埠村的商人宅居，第一进屋宇相接，为狭长的天井，到第二进豁然开朗，又为典型的大院空间。

盐商院落布局与实景图

院落式——以临清冀家大院主要空间序列为例

冀家大院为北方民居大院普遍形式，院落空间大，适合室外活动与晾晒作物，四面围合的封闭感不强。

左图：前院院落；右图：南跨院院落。

天井院落混合式——以潍坊市杨家埠村店铺民居主要空间序列为例

◢

此类型多出现在宅基范围和地形有限制时，天井相对院落较小，空间封闭，主院仍保持较大尺度。

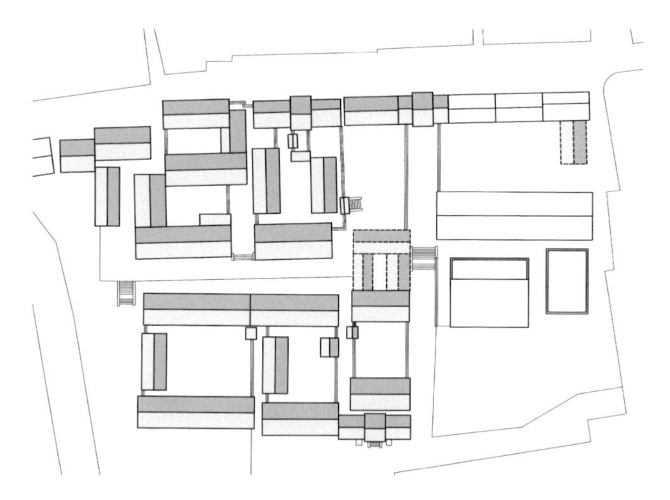

左图：前院为天井；右图：主院为院落。

3. 轴线中心——正房、阁楼

在山东盐区的盐商宅居中，正房是整体建筑的重点营造之处，居于院落中心位置，标志着空间序列达到高潮。盐商宅居的正房以三间为主，但在少数实例中正房也有做到五间的情况。从正房各功能空间的组织秩序来看，以堂屋为最核心，居中为尊；侧室服务于堂屋，偏于两侧。堂屋位于正房明间，迎门墙上挂家堂，其下为八仙桌，配太师椅，是主人祭祀及待客的地方。堂屋两边次稍间为侧室，为主人的起居空间或储藏室，通常布置炕和摆柜，侧室需要经由堂屋才能进入，并不直接对外开门以保证私密性。

整体来看，山东盐区的盐商宅居中正房建筑无论在进深、开间、结构，还是在细部装饰等方面均具有突出地位，在实地调研中也能看到某些盐商宅居的正房扩增开间、增加层高甚至直接建为两层阁楼的例子，其目的也是加强正房在建筑组团中的主体地位，如淄博市周村区李家疃村某盐商宅院正房、临清冀家大院南跨院正房（图 4-22）。同时，在多进院落的盐商宅居中，有时会在轴线上正房之后另建造两层阁楼作为空间序列的收尾，阁楼多为宅内女眷的私密生活场所，一层为起居空间，二楼为卧室及储藏空间，阁楼的层高丰富了整体宅居院落的外部形象，造型和装饰都相对精巧华丽，如聊城市临清冀家大院绣楼、徐州户部山翟家大院绣楼（图 4-23）等。

图 4-22 临清冀家大院南跨院正房

图 4-23 徐州户部山翟家大院绣楼

4. 辅助空间——厢房

厢房位于正房两侧，当地又称为偏房或东、西屋，其设置是为了解决家族更多人口的居住问题和作为辅助用房。厢房用于围合院落空间，同时在高度和开间方面次于位于中轴线上的正房和楼阁，明确地反映着等级关系（图 4-24）。

图 4-24　徐州户部山余家大院厢房

调研中发现山东盐区盐商宅居中的厢房多单独成栋，房顶并不与正房连在一起，其功能包括做饭、储藏、堆积杂物，甚至可以作为厕所，而富裕讲究的盐商们更是很少将房屋低矮、光线暗淡的厢房用作居住空间，这种情况在山东运河沿线发达商业城镇中尤其明显，如聊城地区还有一首民谣形容厢房居住环境的差强人意："有钱不住东厢房，冬天日出三竿不上窗，夏天日头晒满墙，冬不暖来夏不凉。"

三、代表性盐商宅居分析

（一）聊城市临清汪家大院

徽商汪氏自清乾隆年间始在临清经商，涉猎行业颇广，并以创办济美酱园闻名。临清地处漕运孔道，该地设有运河钞关，为了逃避关税，盐商常在过关前低价卸卖食盐，故在钞关前买盐价格低廉。汪氏既参与盐业买卖，又将低价盐用于酱园生意，可谓两边开花。汪氏曾在临清建有诸多宅院，今尚存位于后关街的汪家大院。后关街因临清钞关而得名，乃是前往运河钞关的一处交通孔道，汪氏在此建宅院也在情理之中。

1. 汪家大院平面形式

汪家大院坐北朝南，中轴对称（图 4-25）。建筑组团本有三进院落，一进由门楼、影壁组成；二进由南房三间、南廊房两间、西厢房三间组成，中为院落；三进由正屋三间、耳房两间（明间为客厅、耳房为卧室），东西厢房各三间，其中南廊房已不存，仅三面围合形成主院。汪家大院现存院落与原始样貌已有差距，房屋受损程度不一，大门屋顶残缺（图 4-26），西厢房部分坍塌，正房两侧的耳房墙面也被搭建得不见原始模样（图 4-27），然而三进院落的空间组合格局仍能清晰辨别。

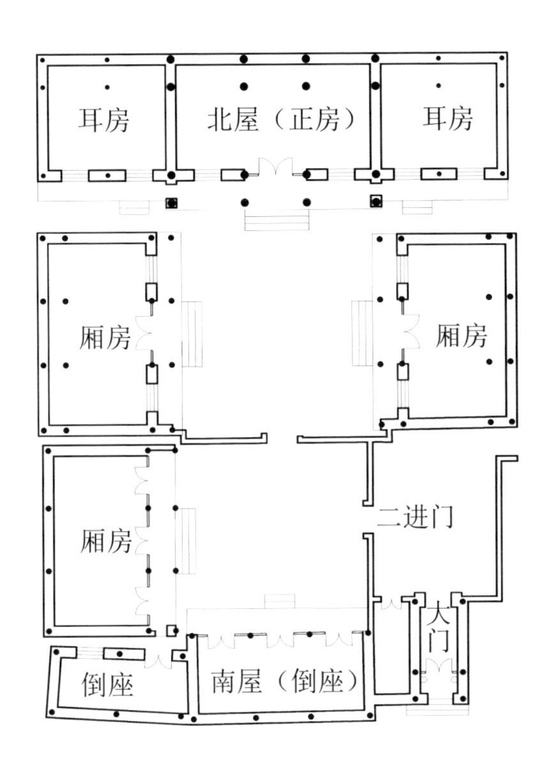

图 4-25　汪家大院平面图

图 4-26　汪家大院大门

图 4-27　汪家大院正房

2. 汪家大院空间组织

汪家大院现存的三进院落占地不大，但布局疏朗紧凑。汪家大院所在的后关街是一条狭窄细长的巷道，来客在其间行走总不免感到闭塞困顿，待行至汪氏高大精美的门楼前必然眼前一亮：入门即第一进院，大门西侧有护院所居住的门房，正对大门的是厢房，厢房山墙墙面雕刻有精细的随墙影壁，这一入户空间较宽敞，稍稍弥补建筑外空间不足的缺憾；第一、二进院中间仅以围墙相隔，来客经过弧形月洞门进入面宽更大的二进院落，此时北望是穿堂，隐隐约约却仍见不着北屋（正房）的真容，只能在装饰精巧的南屋中暂作休憩，等待主人接待；最后穿过穿堂，进入第三进院落，主院十分方正，也最为宽阔，正对建筑组团中处在台阶之上体量最大、高度最高的北屋，且院落三面均为隔扇窗棂、木质外廊，为空间序列中的高潮部分，也能让一等再等的来客的心情得到纾解。

由此，从后关街狭长街巷逐步行走至建筑内部，空间步步放大的同时，各主体建筑的装饰程度和外形体量也越来越精美、厚重（图 4-28）。

图 4-28　汪家大院空间组织示意图

汪家大院虽处在极受限制的宅基内，但空间组织可谓小中见大、十分精妙。

3. 汪家大院结构特点

汪家大院建筑为木质梁架、砖墙围合的砖木混合结构，地面以方砖铺地。其中北屋有木质外廊，为小瓦铺顶的卷棚式砖木结构屋舍；左右厢房有木质外廊，砖木结构；南屋在整个建筑组团中地位较低、体量也小（正面三间，进深不过三米多），但做工精细且式样独特，山墙由青砖砌筑，明间采用四扇隔扇门，次间为木槛窗。南屋结构采用“四梁八柱式”，即由八根柱子顶上横向架一檩三件（圆檩、垫板、枋子），再竖向架起四根大梁，俗称大柁，靠着八柱四柁组成“一明两暗”三开间硬山建筑（图 4-29）。四梁八柱式常见于北方合院民居中倒座、厢房等辅助用房，汪氏虽为徽商，但在建造房屋时也主动采用了当地建造手法。

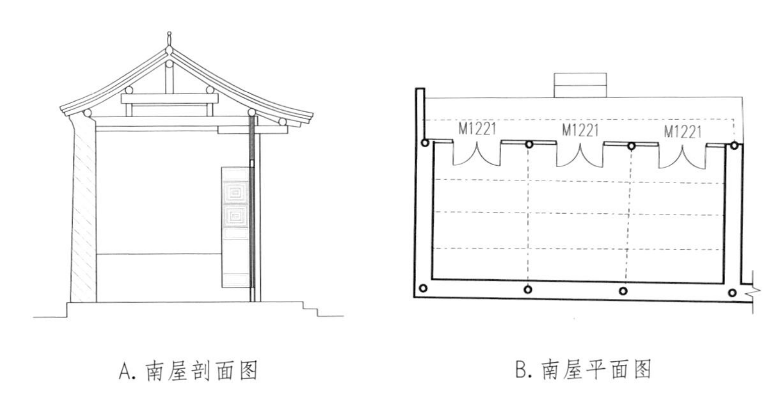

图 4-29　南屋四梁八柱结构示意图

4. 汪家大院细部装饰

汪家大院在建筑外观上虽没有白粉壁、马头墙等典型的徽派特色，但在建筑细部装饰上仍保留着宅主原乡风格特征，影壁砖雕精细华丽，廊房隔扇、窗棂雕花细腻多彩，门面也多饰以冰裂纹，明显区别于临清地区的其他北方大院（图 4-30、图 4-31）。

图 4-30　汪家大院大门砖雕

图 4-31　汪家大院入门影壁顶部砖雕

（二）济南鞭指巷陈家大院

前文已提及，明清时期济南北部的泺口码头是引盐转运一大枢纽，车船往来、盐商云集，其中以山西盐帮势头最盛，其中有茅、关、范、尚四家，号称泺口四大盐商。这些富有的盐商由泺口就近来到省城济南购置宅院，或短期停留，或安家立业。今老济南城内仍有许多盐官与盐商宅邸遗存，如后宰门田家公馆、鞭指巷陈家大院、鞭指巷泰运昌辰旧址（又名关家嘤园）。

陈家大院位于济南老城鞭指巷内，因有子弟陈冕高中状元又被广称为陈冕状元府。但鲜为人知的是陈家祖辈不仅贩盐经商，状元陈冕的祖父陈显彝还曾任职山东盐运使，即山东盐区最高级别盐官，掌管山东食盐运销征课、盐粮支兑、盐官升调、私盐稽查等一系列事务。陈氏一门身处山东盐运枢纽济南，与“盐”结下了不解之缘，既为盐商豪门，也出盐业长官，十分显赫。

1. 陈家大院平面形式

陈家大院曾占地极广，东至鞭指巷，西到西熨斗巷，南起将军庙街，北至双忠泉街，都是它的组成部分，其中鞭指巷9号院于陈显彝在任职之初建造，后又扩充11号院，两所宅院曾建至八进，连同花园、旁院组成规模庞大的陈家大院。

陈家大院现存的鞭指巷9号院与11号院，组成坐西面东的三路三进院落，虽可连通但相对独立，各院面街门楼为入口（图4-32、图4-33）。其中9号院第一进由门楼、影壁组成，门楼偏于东南角，入户可见与山墙合二为一的影壁；第二进院落由南房、东西厢房与过厅组成，院落尺度大，为户主的重要迎客与活动空间；第三进院落由正房五间和左右厢房组成，正房有木质外廊作为室内外过渡空间。11 号院在 9 号院西面，两者间由狭窄巷道相隔，11 号院分两路，主院二进居西，正房开间硕大，朱红门窗，外檐柱粗壮，檐下饰有雕花护板；东面另有偏院两进，偏院无论在建筑开间、体量还是院落大小上都逊于主院，主次关系非常明确。

陈家大院的两个门楼、9 号院正房及 11 号院东西厢房等建筑保存状况良好，砖雕石刻等细节处造型精美。但由于居住人口混杂、使用界限不明且后期搭建改建现象严重，如今多有棚屋和砖房占据原本的院落空间，多数房间也曾加固修缮过，屋顶换成了红瓦，影响到整体院落格局的明晰性。

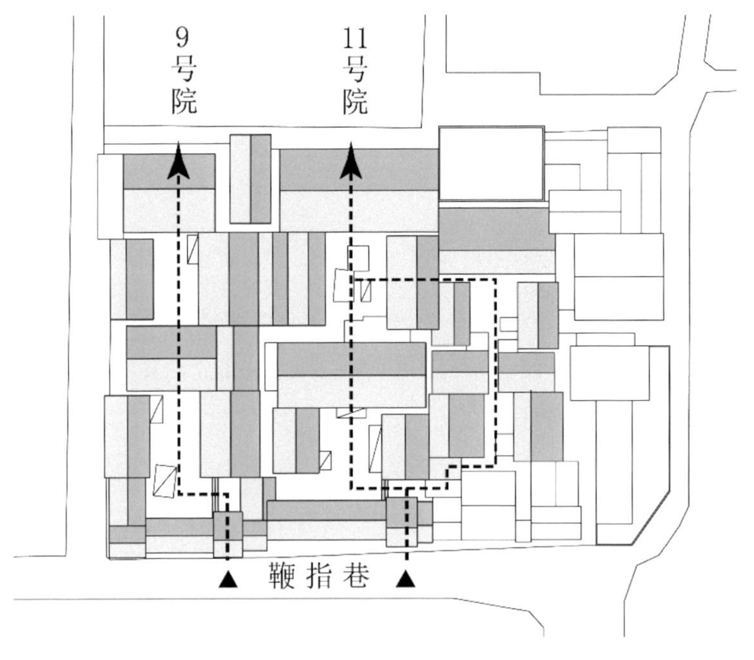

A. 陈家大院总平面图

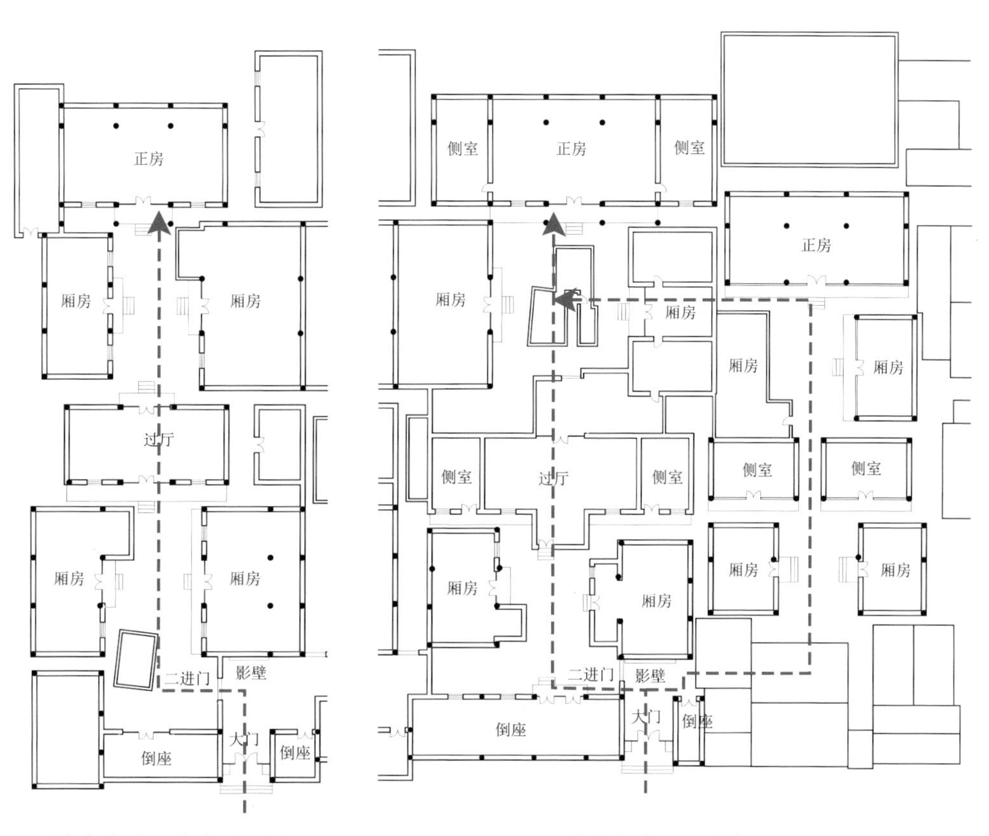

图 4-32 陈家大院平面图

A. 大门

B. 前院

C. 厢房

D. 航拍图

图 4-33 陈家大院组图

2. 陈家大院装饰细部

陈家大院门楼精美，以9号院门楼尤胜。屋脊向两端高高扬起，体现出北方大院少见的灵动的特点（图4-34）。门楼装饰细节十分巧妙，如木质门楣的镂空雕花中，朝街的雀替为缠枝花卉，朝内的雀替为左龙右凤、祥云环绕（图4-35）。砖石雕刻同样细腻形象，门枕石上雕刻的花卉稍有损毁，但墀头处的浮雕仍可称精美（图4-36）。

图4-34　大门屋脊

图4-35　大门木雕

图4-36　砖雕

第三节

会馆建筑

一、会馆建筑的类型

清代山陕、徽州、江右、福建等大量客籍商帮活跃于山东运河沿线,山东本地商人则遍布山东运河沿线和东部沿海地区,这些商人在进行盐业买卖活动的过程中留下了诸多会馆建筑,即盐运线路上由盐商建造、主要承担食盐销售和转运等任务的相关建筑。

与类型多样、形象多变的盐业店铺相比,盐业组织集资修建的会馆建筑则更具有特色和识别度。会馆既是身处异乡的同乡商人联络乡情之地,又常用于祭祀商人原乡普遍信仰的神祇,并常常以寺、观、宫、庙等庙宇形式出现,如江西商人的会馆称“万寿宫”,福建商人的会馆称“天后宫”,山陕商人的会馆称“关帝庙”等。山东盐区范围内的盐业会馆多由来自外省的引商筹资捐建,这既能确保他们及时联络、守望互助,也便于盐商彼此间获得食盐销售的有关信息、协商并讨论当地食盐定价等相关事宜。前文已提及,在作为盐运主干线路的山东运河沿线,以山陕盐商的活动最为频繁和深入,他们在沿线所建的山陕会馆也多以关帝庙为外在形式。关羽出生于河东盐产地解县(今山西运城),该地有许多“盐池除妖”“关公战蚩尤”的传说,这也是明代开中制下靠贩盐发家的山陕商人们乐于供奉关公的原因之一。

盐业会馆多建在外来引商频繁活动的城镇中，以水运线路旁的集镇为主。在山东盐区范围内，山东运河沿线为商业会馆分布最密的地带，据王云《明清山东运河区域的商人会馆》统计，山东运河段有会馆45座，其中明确记载商人所经营的行业包括典当、盐、茶、绸布、铜、锡箔等，可见盐业经营在经济发达的山东运河沿线曾留下深刻的印记，现存盐业会馆就是有力的实证（表4-2）。

表4-2 现存山东盐区运河沿线盐业会馆一览表

会馆名称	地址	创设年代	创建人	保存情况
山陕会馆	聊城	乾隆年间	山陕商人（现存碑刻证实包含山陕盐商）	现保存完好，有碑刻19通
运司会馆	阳谷阿城	乾隆年间	山西盐商和盐运司	现存大殿、门楣等
山陕会馆	阳谷张秋	康熙年间	山陕商人（含盐商）	现存大殿、门楣
西晋会馆	汶上	乾隆年间	山西盐当商	汶上宝相寺现存碑刻
山西会馆	徐州	康熙年间	山西商人（含盐商）	现保存完好，有碑刻5通

注：资料来源于王云《明清山东运河区域的商人会馆》，《聊城大学学报》（社会科学版）2008年第6期，作者实地调研加以补充。

本书前已提及，明清时期山东盐区京杭大运河沿线是外地商人活动最为频繁的区域，会馆建筑的分布也以京杭大运河沿线为最密，类型最多。而其中山陕商人的活动是最具代表性的，他们不仅广泛活动于沿线市镇和码头，还深入离运河稍远的农村中，其经商活动的深度和密度远超徽商、江右商人等集中于都会城市的商帮。故纵观山东盐区盐业会馆，以山陕会馆数量最多、保存最好，实例有聊城山陕会馆、阿城运司会馆等。

二、会馆建筑的特点

盐商在盐业会馆这类建筑上倾注的心血很大，盐商组织普遍愿意捐重金来筹建和维修会馆。盐业会馆既是盐商这一群体所从事行业与其精神文化的实体象征，也是富有的盐商们展现资本实力的名片，其规模与华丽程度便是他们身份地位的外在表现。盐业会馆的空间特色包括：瑰丽的入口空间、共生的功能空间和变化的空间序列。

1. 瑰丽的入口空间

盐业会馆作为盐商群体在盐销地的身份名片与地位象征，一般选址于城镇商业繁华的地带。会馆大门以装饰精美的随墙式门牌楼为主，如聊城山陕会馆门楼体量高大、雕刻细腻、色彩绚丽，在阳光下熠熠生辉，运河上的来往船只远远瞧见这夺目的门楼便知已到东昌府城；又如徐州山西会馆临街为厚重墙体，大门前借助地势砌出层层台阶使来客仰视会馆，另又在门前搭建轻巧灵动的门楼，打破其呆板印象（图 4-37）。盐业会馆能够因地制宜地采用多种入口形式，其目的只是在异乡营造出气势雄伟又瑰丽非凡的入口空间。

A.聊城山陕会馆

B.张秋关帝庙

C.广饶关帝庙

D.徐州山西会馆

图 4-37 山东盐区京杭大运河沿线山陕会馆入口空间

2. 共生的功能空间

盐业会馆既然以“联乡谊”和“祭乡神”为主要目的，其集会空间与祭祀空间便缺一不可。盐业会馆平面采用沿一条轴线或多条轴线对称布局的形式，与集会空间对应的戏楼和与祭祀空间对应的正殿同处在主轴线之上，另有献殿、厢房及廊道共同围合形成会馆平面单元（图 4-38 至图 4-40）。当然，戏楼存在与否并无严格的限制，有的盐业会馆可能由于建设条件限制并没有戏楼，但它仍具有功能空间共生的特点，例如阿城运司会馆既是祭拜关羽和盐商集会的场所，同时也是协理盐运事务的官署，集祭祀、集会与办公等多种功能于一体，体现出盐业会馆功能的多样性。

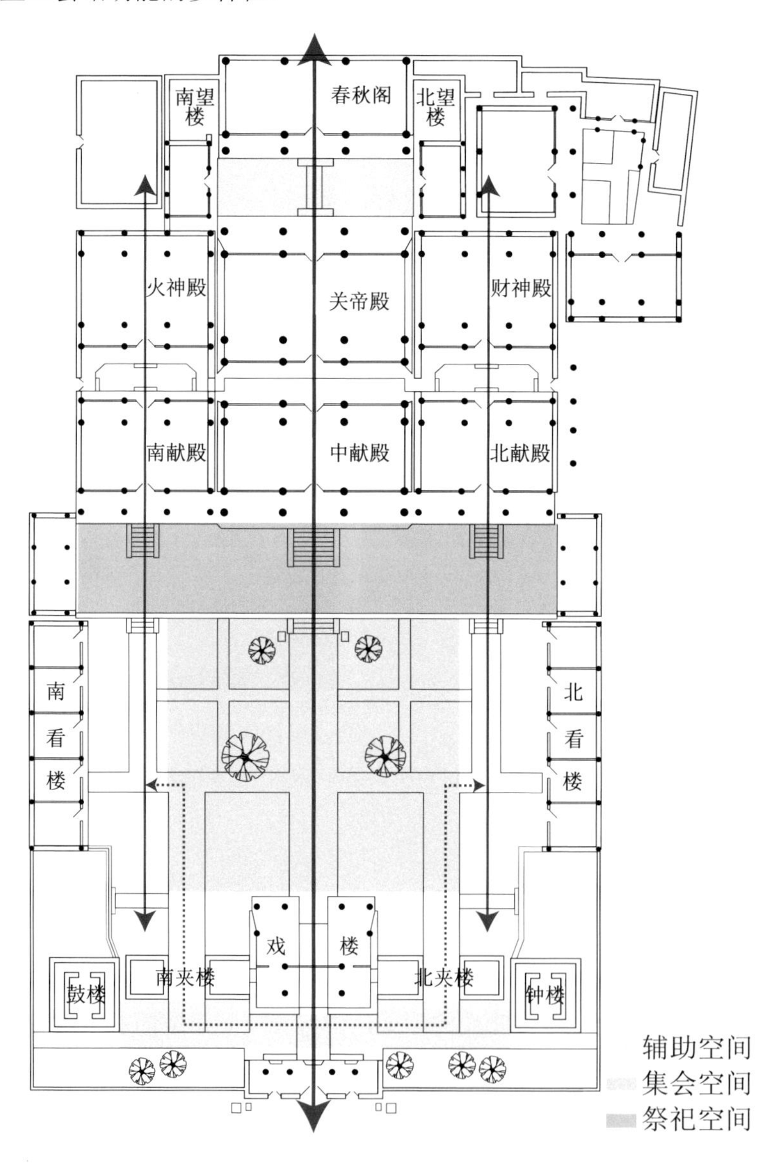

图 4-38　聊城山陕会馆平面图

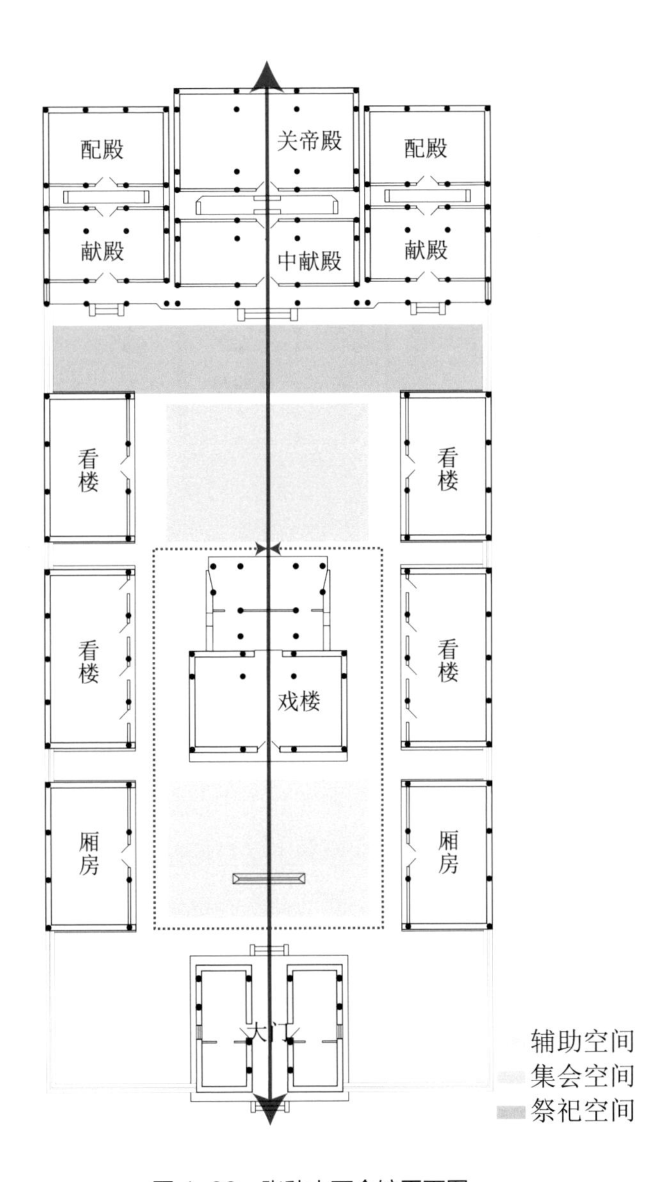

图 4-39 张秋山西会馆平面图

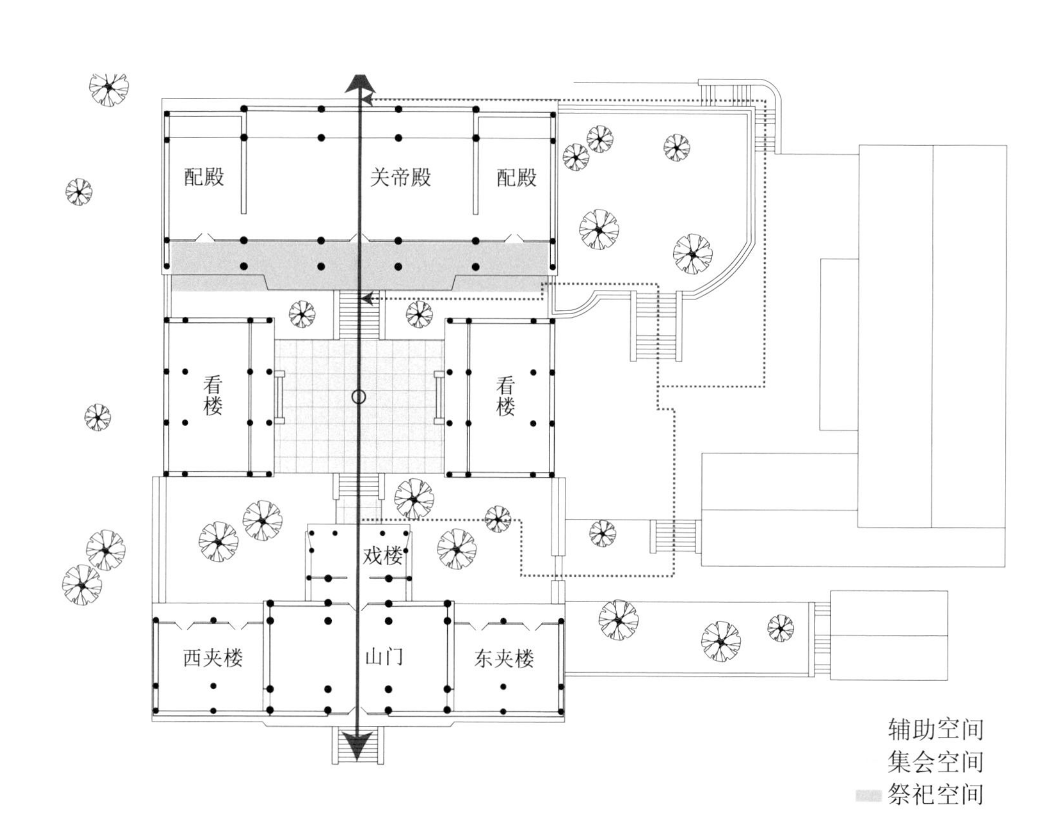

图 4-40　徐州山西会馆平面图

3. 变化的空间序列

盐业会馆基本都是以院落和天井为中心形成的建筑，同时也讲究沿着轴线营造空间序列感和丰富空间感受。为达到这种目的，营造者非常注重建筑空间的开合和建筑高差的营造。

建筑空间的开合启闭是实现建筑空间变化最常见的手法。在进入建筑之前，来客首先看到会馆高大华丽的山门并感受到其逼人的气势；入门后前几进院落一般颇为窄小，行进路线曲折，甚至需要穿过戏楼下闭塞的通道；进入主院却豁然开朗，体量最大的正殿映入眼帘，来客在此前累积的压抑感立刻得到舒缓慰藉；规模大的会馆还会延续几进小院落作为收尾，作用也是烘托主要空间的庄严宏大。建筑布局由疏到密再到疏、空间由开放到私密再到开放，借此区分空间，增强建筑空间的序列感，使人们在观赏建筑时产生迥异的空间感受。如阿城运司会馆体量小又仅有一进院落，但它巧妙地藏身于海会寺深处，人们拐过寺观层层院落才能得见盐运司，其略小的规模、精致的雕饰和明媚的彩绘共同展示出与佛门清净地截然相反的俗世之美（图 4-41）。

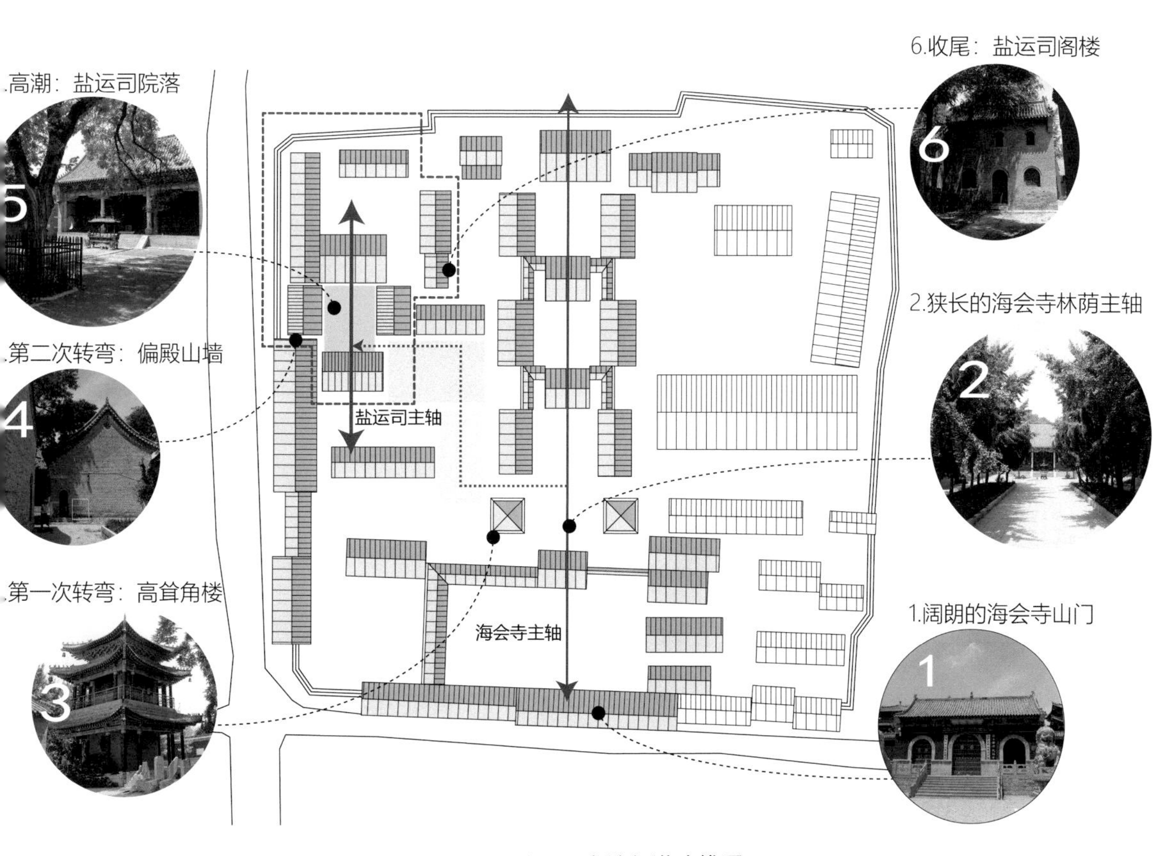

图 4-41 阿城运司会馆行进路线图

此外，在地形起伏大的地方，盐业会馆对高差的处理差不仅是为了适应地形，更重要的是为了区分重要空间与辅助空间。如徐州山西会馆随地形层层增高，来客先要攀上几十级台阶进入山门，再通过低矮的戏楼步入主院，继续拾级而上攀过高台才能到达正殿，这不仅是在积极处理地形关系，更是在精心营造空间序列与仪式感（图 4-42）。

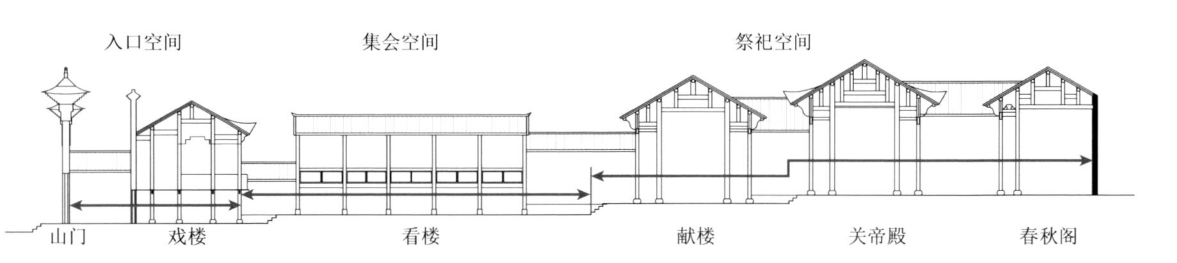

A. 聊城山陕会馆

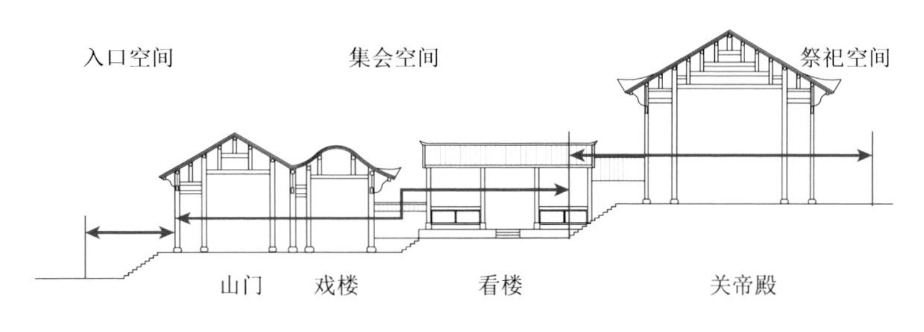

B. 徐州山西会馆

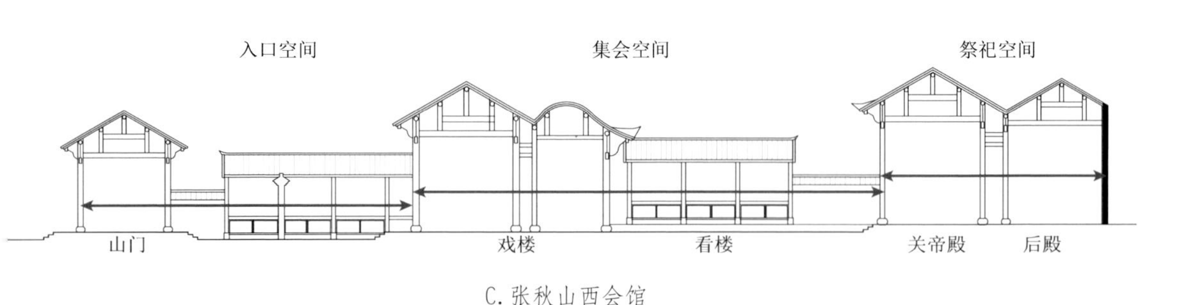

C. 张秋山西会馆

图 4-42　山东盐区京杭大运河沿线盐业会馆序列空间示意图

三、代表性盐业会馆建筑分析

（一）聊城山陕会馆

山东聊城山陕会馆是京杭大运河沿线城市经济繁荣与文化昌盛的实证。“京杭漕运开盛世，山陕会馆占天机”，运河的贯通使聊城从地方军事政治中心转为区域商业重镇。以食盐、铁器、典当为主要经营对象的富有西商沿着卫运河和山东运河涌入东昌府聊城地区，并紧邻山东运河在聊城建起气势极盛、规模庞大的山陕会馆（图 4-43）。据会馆中现存石碑记载，聊城山陕盐商作为西商群体中资本极为雄厚的一派，一直承担着会馆数次整修扩建所需资费中的较大配额。

图 4-43 聊城山陕会馆航拍图

聊城山陕会馆大致沿中轴对称布局（图 4-44）。前端设置山门戏楼，中端为祭祀关帝的正殿，后端由二层阁楼春秋阁收尾，左右又有钟鼓楼、南北看楼、南北碑亭、跨院和连廊相围合，布局紧凑又疏密适宜。其中将钟、鼓二楼设置于临街侧院中的手法也属实精妙，往来过客在进入会馆前就能于运河上或临街处早早窥见钟、鼓二楼屋顶轮廓，这在丰富建筑外立面的同时，极大提高了该会馆的可识别性。

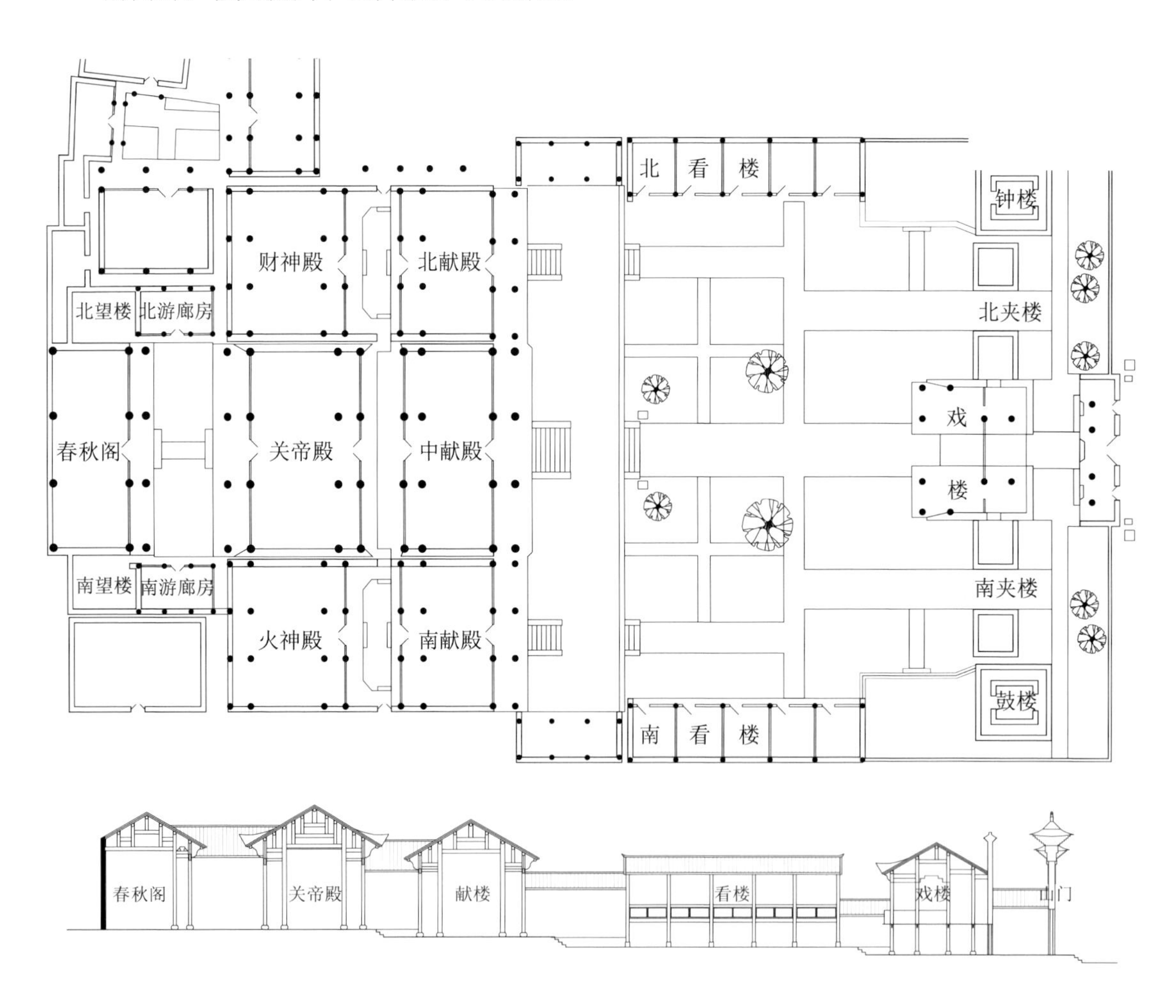

图 4-44　聊城山陕会馆平面及剖面

聊城山陕会馆的精美装饰尤为亮眼，雕刻和彩绘的大量运用令人眼花缭乱，从墙、砖、梁、枋、柱到门、窗、檐、杆都是工匠炫技之处，充分展现出山陕商帮的殷实财力。石雕、木雕、彩绘的题材内容均以吉祥图案、神话传说、民间故事为主，造型也多汲取山西民间传统的风格，而局部细节如会馆山门的铁旗杆、屋顶翘角上的小人、木梁龙头雕刻等都反映出各地山陕会馆的普遍装饰特点（图 4-45 至图 4-49）。

图 4-45　聊城山陕会馆钟楼

图 4-46　聊城山陕会馆戏楼

图 4-48　木构件上的彩绘

图 4-47　屋顶翘角上的仙人走兽

图 4-49　木梁上的龙头雕刻

（二）聊城市阳谷县阿城镇运司会馆

阿城运司会馆建于乾隆年间，由阿城盐运司和久居阿城的山西盐商共同修建，既是运司官署也是山西会馆，故又称运司会馆。阿城旧时本有东、西、南、北四大会馆，其中南、北、东三会馆俱为盐商修建，运司会馆即南会馆，东会馆（淤陵会馆）、北会馆均由周村盐商所建，现东会馆仅剩残破的山门和大殿，北会馆则已不存。

运司会馆位于海会寺内，共两进院落。前院为旧式戏院，原貌不存；后院有三开间大殿和东西配房（图 4-50 至图 4-52），大殿供奉关公，大殿房梁上还留有“乾隆拾叁年岁次戊辰叁月拾捌日辰时阿城盐运司商人创建”的刻字。据传，原会馆山门前还曾有一道几十米长的大影壁，两侧便门分别嵌有方石二块，上刻“运司会馆”四字。

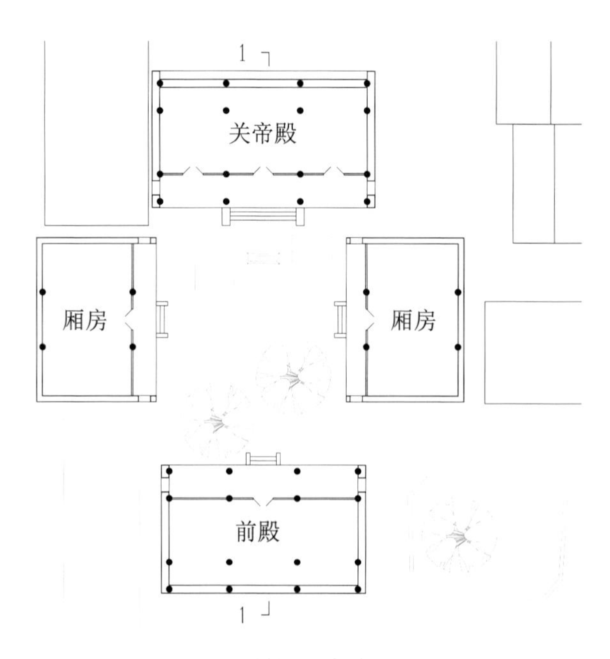

图 4-50　阿城运司会馆平面图

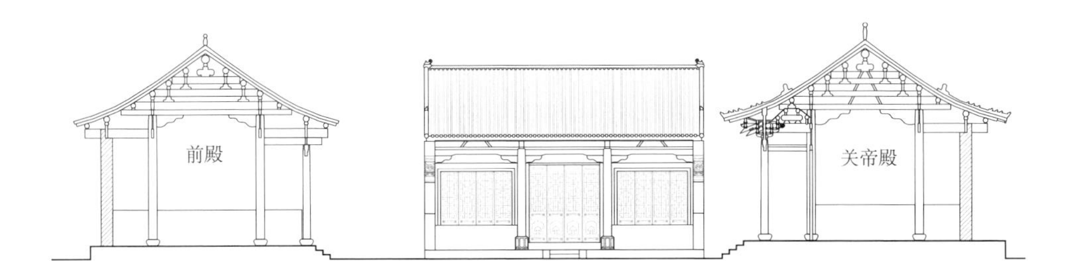

图 4-51　阿城运司会馆剖面图

图 4-52　阿城运司会馆大殿及细部图

（三）聊城市阳谷县张秋镇山西会馆

张秋山西会馆始建于清康熙三十二年（1693 年），是明清时期张秋作为运河转运码头与商贸城镇经济繁荣的重要物证（图 4-53）。笔者调研时，据山西会馆不远处开杂货铺的吕姓老人回忆，山西会馆所在的这条街原叫三义街，街上以前还有个衙门。如今的山西会馆大部分已经被重新修缮过，山门经过整修，会馆四面也筑起围墙，但原貌依然可见。

图 4–53　张秋山西会馆航拍

张秋山西会馆的建筑组合为二进四合院，坐北朝南。其中，一进院大部分为后来翻修，二进院是原会馆的主体部分。在二进院中，北边为正殿三间，东西各有配殿数间，南边的戏楼和大门为上下两层。上层为戏台，下层为大门。大门门脸有石匾“乾坤正气”，刻字饱满刚劲。张秋山西会馆体量不大，但格局中正巧纳。

（四）徐州市山西会馆

徐州山西会馆坐落于云龙山东麓半山腰，由清代康熙年间在铜山经营盐、酒、典当等行业的晋商共建，又称关帝庙（图4-54）。山西会馆依山就势、坐西向东，为两进四合院落，由山门、戏楼、关圣殿、配殿和两侧厢房组成。山门为二层建筑，与院内戏楼相通，由山门进入主院后，又有多级石阶通向大殿前平台。大殿五间，左右各夹一屋为配殿，建筑整体为青瓦屋顶、砖木构架，大殿支柱为青石材质，柱身已漆成赭红色，上书对联："生蒲州长解州战徐州镇荆州万古神州有赫；兄玄德弟翼德擒庞德释孟德千秋至德无双。"徐州山西会馆整体规模虽不大，但结构严整匀称，工艺水平较高。

图4-54 徐州山西会馆俯瞰

以上会馆都是以盐商为代表的山陕商人在山东引盐区域频繁活动的佐证，他们靠贩卖食盐与铁器、经营典当等多种行业发家致富，在异乡留下了或恢宏或精巧的建筑遗存。除阿城运司会馆由山陕盐商和盐运司共同筹建外，山东运河沿线大部分具有一定规模的会馆均有山陕盐商的大额贡献。如徐州山西会馆内石碑碑文《创修五灵尊神碑记》记载，乾隆十九年（1754 年）参与捐资之山西盐商即有：大增号、充实号、义合号、乾元号、恒益号、元丰号、公升号、恒基号、济公号、双兴号等十家盐商。又如聊城山陕会馆现存的 19 通碑刻中也记载有恒丰号、五福号、乾元号、同心号、天德号、长德号、德兴号等经营盐业的陕西商号，其中嘉庆十四年（1809 年）关于山陕会馆众商重修关圣帝君大殿的一通碑文中附有会馆创建以来捐资商户列表，德兴号列于捐银一千两以上的六大商号之中，可见山陕盐商对聊城盐业的巨大影响。

第五章

山东盐运视角下的建筑文化分区探讨

第一节

山东盐运古道上的聚落与建筑影响因素分析

从前文分析中我们可以看到，山东盐区内部存在引票分治现象。引盐区与票盐区大致由泰沂山脉分隔成两个独立区域，盐道分布看似互通，实则各成体系，盐区内部盐业聚落与建筑在共性之下也各具特点。引盐聚落多分布在山东运河途经范围内，运河沟通南北文化，使得引盐区盐业建筑在结合本土建筑元素的同时，带有明显的外来文化特征，代表性建筑为位于运河沿线临清、济南等地的盐商大院等；票盐聚落分布在鲁中山区及胶东半岛范围内，靠近山东陆路运输的官马大道，票商宅居顺应地形地貌并能因地制宜地运用本土技艺，代表性建筑为鲁中山区石头房、胶东盐民海草房等。由此，在盐运视角下，我们能清晰地看到明清山东盐区范围内引、票次级盐区在地理环境与河道分布、交通运输方式、城镇级别与规模、外来人口分布密度等方面的种种差异，这些差异在前文关于两地盐道、盐业聚落与盐业建筑的章节中，笔者已用大量文字与图示化语言进行过解读。

实际上，山东古代社会素来存在鲁西、鲁东两个区域协同发展、二元互动的现象。由于中部泰沂山脉的阻隔，齐鲁文化自古就在山东范围内激荡交融，而明清时期京杭大运河的全线贯通使得鲁西与鲁中、鲁东地区在交通状况、经济发展、人员流动等诸多方面的差异更为明显。久而久之，由于鲁西与鲁东持续存在的政治经济差异，使得二者形成两个独立又互相融合的文化区域，这般“二元复合发展”状况与山东中部隆起的“泰沂山脉—五莲山”这条特殊的分水岭有着莫大的关系。

盐运活动既是地理环境与社会约束下的产物，必然也会受到此“二元复合发展”的影响并在盐运分区中体现出“东西分野”特征，故而我们能看到盐运视野下的引、票盐区与山东历史时期形成的鲁西、鲁东二文化区均以泰沂山脉为分界线，且区域范围具有高度重合性的现象。其中引盐区包含以曲阜为中心的西部鲁文化影响区域，票盐区包含以临淄为中心的东部齐文化影响区域，而作为省会的济南正好位于两片区域相接处，这也正是济南能够在山东盐道上作为第一大枢纽和物资中转地的地理原因。

造成山东盐区引、票盐区“东西分野”与盐业聚落建筑形态特征不同的因素有以下三个。

一、山脉相隔的地理环境

山东盐区地域范围内存在“平原—山地—丘陵”间隔分布的地貌，中部泰沂山脉的阻隔是“东西分野”存在的主要原因。泰沂山脉以西为鲁西单元，包含今济南以西的聊城、菏泽、济宁（鲁西南）与德州（鲁西北）等地，该区域以广袤的鲁西平原为主要地形，明清时期有运河流经并拥有大量适宜耕种的肥沃土地，弧形山脉所围成的口袋形地理单元是其核心区域；泰沂山脉以东为鲁东单元，包含今山东济南以东的潍坊、烟台、威海、青岛、日照等地，该区域以胶莱平原和胶东丘陵为主要地形，背靠鲁中山区又三面环海，自古有渔盐之利。

若泰沂山脉向东连续伸入大海，形成强分割线，鲁西鲁东区域的政权与文化拉锯将成为山东区域的主要矛盾，事实上，历史上许多时期也的确存在这种二元牵制的状况。但在“泰沂山脉—五莲山”的地缘分割线间存在一片由沂水与沭河流经的河谷通道，即沂沭河谷，使得山脉两侧区域有了沟通的渠道，从而使得两个地理单元能在相互融合中持续协同发展。

二、二元互融的文化属性

山东又称“齐鲁大地”，从此别称便可看到山东的文化属性从来并非只有一面，而是具有“二元复合”的特性。《史记》记载，“泰山之阳则鲁，其阴则齐”，即春秋时期以泰沂山脉为界，山脉向西南环抱的是鲁国的势力范围，山脉背面则是齐国的势力范围。

齐地沿海，拥有绵长的海岸线和丰富的渔盐资源。“齐带山海，膏壤千里，宜桑麻，人民多文彩布帛鱼盐”[①]，自齐国施行盐铁专卖之后，齐地富甲天下，之后，产生过诸多名留青史的大盐商：如齐人刁间“逐渔盐商贾之利”，长期从事煮盐、捕捞和长途贩运业；又如东郭咸阳以煮盐致富并“家资累千金”。齐文化在吸收本土东莱文化的同时又有所发展，带有商贾文化与渔盐文化特质，呈现出开放、尚功利、重创新的特点。

鲁地深居内陆，背靠泰山，被泗水围绕，自给自足，偏安一隅。作为孔子故乡和儒家文化发源地，鲁国深受孔子“道千盛之国，敬事而信，节用而爱人，使民以时”理念的影响，重农业轻商贸，人民普遍崇尚节俭，敬重劳动。鲁文化是传统农业文明的产物，也是典型的儒家文化，呈现出持重、崇伦理、尊传统的特点。

① （西汉）司马迁：《史记》卷一百二十九，中华书局，1982年，第3265页。

在长期协同发展中，开放创新的齐文化与保守持重的鲁文化相互融合，并逐渐由地域文化演变为中原官方文化和主流文化的重要组成部分，同时，其二元特性也一直潜移默化地影响着泰沂山脉两侧地区的民风民情与人文环境。

三、区域差异的经济活动

自古以来，鲁西、鲁东区域经济便存在差异，并处在不断的消长变化之中。春秋时期，东部的齐国背山临海，盐铁专营和长途贩运带给齐国的经济活力远非偏安于西部内陆的鲁国可比拟；明清时期，山东运河的贯通大大拉动了鲁西区域经济，同时，封建王朝的海禁举措使得鲁东失去了临海优势，就算是其特产海盐，也必须经过鲁西各地才能运输到各州各县；清末以后，运河又被黄河所截断，运道不畅与接踵而来的水灾、战乱使鲁西经济陷入一蹶不振的境地，反观鲁东的港口城市却因海禁解除、开埠通商而再次兴盛起来。

山东整体经济环境如此，两地在商人流动与分布上也存在差异。以明清盐业经济为例，山东盐区云集了各地前来进行食盐运输与经营的商人。引商为远道而来的外商，其活动范围限于鲁西引地的山东运河及其周边区域；票商则出自山东本地，且来自当地较有公信力的平民商贩，活跃于鲁中山区及胶东半岛的广大区域，无论是通都大邑还是穷乡僻壤，都有他们的身影，足可见鲁西、鲁东两地盐商在构成、来源、活跃程度及势力范围上的不同。两地区域经济与商人活动的差异必然对两地城镇、人口与建筑产生程度不同的影响。

第二节
山东盐运分区与建筑文化分区

山东盐运分区与建筑文化分区之间存在内在联系和参照关系。通过对比盐运分区图（图 2-1）与建筑文化分区图（图 5-1），可窥得两者具有一定程度的关联性。究其原因，可从以下两点来进行论述。

一、地理环境对山东盐运分区和建筑文化分区的影响

地理环境是盐运分区的主要影响因素。明清盐业分区不是仅仅依照行政区划做粗略划分，而是参考了各地的地理环境与交通便利程度来进行细致调整，例如两盐区之间的边界，又或是施行引、票盐制度区域的边界，均是因为交通不便、难以跨域等因素而形成的。盐运分区的边界往往是大的山脉或水患严重、遍地浅滩的舟楫难行之处。正因为古代地理环境和水域变迁对盐区的划分有如此重要的影响，经盐运活动实践并被政府详细记录在册的盐运分区，自然也是该盐区历史地理环境的一种直观的外向反映。

地理环境同时也影响着建筑文化分区。地理环境对文化体系的形成有着至关重要的影响，山东盐区地域广大，不同区域

图 5-1　山东建筑文化分区图

的建筑风格与地域文化有着截然不同的实体表达，如鲁西南、鲁西北黄河冲击平原上的北方大院民居，鲁中南山地与丘陵地带的石头房与石板房，胶东地区的封建地主庄园以及沿海地带的传统海草房等，不同区域的建筑风格迥然相异。

二、山东盐运分区与建筑文化分区的内在关联

一方面，盐业分区反映了以盐商为代表的商人活动情况。盐商既有官府背景又为巨贾，经营盐业的巨额利润和较高的社会地位具有极大的吸引力，盐商群体中不仅有世代经营盐业的盐商世家，也有在各行各业积累家业后再涉足盐业的商人商帮，因此，盐商群体数目庞大又极具代表性。本书中的盐业分区和盐道分布是笔者通过对历代盐法志及史书方志进行梳理研究并将其图示化的结果，展现了明清时期盐商们的活动范围和行进轨迹。结合盐法志可清晰地看到明清时期来自不同地域的盐商群体在山东盐区各地的活动强度和密度，如山陕盐商沿卫运河东入临清，再沿山东运河南下，其活动区域遍布山东运河沿线及周边市镇，但其势力仍以临清、聊城一带为盛；又如山东本土盐商（属于鲁商群体）的崛起往往在东部沿海与港口城市，其在运河沿线的势力明显不及西商与徽商。在诸如此类对盐业分区的分析中，我们能对以盐商为代表的商人群体在山东的经济活动状况以及各地之间的经济文化交流程度有一个较为宏观的感知与认识。

另一方面，商人活动大大促进和影响了各地建筑文化的交融传播。其一，商人活动促进了建筑文化的交流。以盐商活动为例，盐商运盐线路与销盐范围均被官府严格限制，运销每个步骤均经由官府许可，严格的行盐区划、固定的运盐线路和频繁往来的盐商群体让处于同一条盐道上的各个市镇自然而然具有紧密的联系，它们彼此依托，经济文化交流频繁，建造技艺互相学习，建筑风格趋同。如鲁中山区的章丘官道亦为永阜场供应莱芜县票盐时所依仗的陆运线路，观其沿线建筑大都为严谨的合院布局，材料丰富、装饰考究，无论在建筑质量还是建造规模上都远胜于周边山地石头民居，以章丘博平村、杨官村民居为典型案例。

其二，商人活动也促进了建筑技艺的传播。清代山陕、徽州、江右、福建等客籍商帮大量活跃于山东运河沿线，山东本土商人更是遍布运河沿线和东部沿海地区，这些商人沿运盐线路建造过大量民居店铺、楼堂会馆和宗教庙宇，给沿线带来原籍地区的信仰崇拜和审美情趣的同时，也带来了不同于当地的建造技艺。如票盐系统下的民运票盐区位于胶东半岛，海草房为当地沿海地区独有的传统乡土民居，其屋顶采用海草苫造，独特的建筑材料和营建技艺使得它冬暖夏凉、不蛀不腐、抗风防雨。实际上，早期海草房的分布与民运票盐的行盐范围有很大的重合性（图 5-2），我们可以想见，盐业活动加速了海草房的营造材料、建造技艺在整个胶东半岛的运输与传播，同时频繁的交流互动也使胶东地区居民对海草房这种民居形式的认同感不断加强，在海草产量下滑与现代建房工艺冲击之前，海草房一直是胶东沿海地区民居的主要选择。

基于以上分析，我们能看到盐运分区与建筑文化分区均深受地理环境与经济文化交流的影响，同时，由于以盐商为代表的商人在各分区间的活动，盐运分区自然而然地与建筑文化分区产生关联。既在同一系统之下又彼此关联，盐运分区与建筑文化分区之间存在参照关系、盐运分区图与建筑文化分区图之间具有参照性等现象也就有了合理解释。

图 5-2 海草房的历史分布、现代分布与民运票盐区示意图

盐，百味之祖，食肴之将，国之大宝，这一贯穿千年的“中国味道”，是攸关人民生计和国家财政的命脉。盐之兴衰与国运兴衰可谓息息相关。山东自“夙沙煮海”始，开创了中国海盐的生产历史，山东海盐的生产和流通历经数千年，深刻影响着中国历史进程。明清以后虽产盐中心逐渐南移，但山东盐业在我国盐业史上始终占有不可比拟的重要地位。明清山东盐区销售范围涵盖鲁、豫、苏、皖四省，盐商将海盐自东向西源源不断地输送至内陆，并以盐道为纽带，串联了不同的地域分区和文化分区，勾勒出了一幅地域文化交流与融合的图谱。

影响聚落与建筑演变的因素极为复杂，我们虽不能“以盐概全”，但盐业经济作为该地区古老而强有力的经济要素，对区域经济和文化均产生了深远的影响。古盐道不仅成为古代山东沿海与内陆地区物资互换与经济交流的桥梁，还是传播不同地域文化的重要媒介，而人的活动是联系盐运分区与建筑文化分区的纽带。盐商们在古盐道上兴聚落、修庙宇、建会馆，这些承载着盐运文化的物质实体也成为他们行走天下的精神寄托。古道因盐而生，因盐而盛，既为运盐又不只运盐，既传播文化又自成文化，意义深远。

山东拥有悠久而辉煌的海盐文化，其盐道是沿海与内陆的沟通桥梁，发达的盐业经济促使沿线地区飞速发展，而如今居住在济南、阿城、临清等重要食盐转运地与集散地的居民们却大都对自己家乡在盐业历史上的地位与荣耀所知甚少，这怎能不让人感慨！当对盐道沿线具备历史价值的聚落、街区与建筑遗存进行保护更新时，对盐业历史与文化的忽视不可避免地使保护工作存在片面性。本书选取这一课题，旨在挖掘山东地区聚落与建筑的盐文化内涵，同时为加强对古盐道沿线聚落与建筑的整体保护提供一定依据和参考。

附录

附录一

清嘉庆山东盐运总表

引盐运输表格					
引地	引额（引）	引课（两）	运道	盐价（文／斤）	
历城县	9999	2450	陆运由雒口盐园上车，发党家庄等集，路经长清东界入本境；发东乡、田家庄、龙山、小庄、苏马、垛寨、老僧口经章丘地方入本境	15-16	济南府
齐河县	4581	1122	陆运经历城入本境；水运经历城、长清入本境	17	
禹城县	3174	777	陆运经历城、齐河入本境	17	
长清县	9340	2289	陆运经历城入本境；水运经历城、齐河入本境	17	
平原县	6436	1577	陆运经历城、齐河、禹城入本境	18	
德州	4482	1098	陆运经历城、齐河、禹城、平原、恩县入本境	18	
德州卫	2084	510	在德州运销者经历城、齐河、禹城、平原、恩县至德，经平原、恩县、清平、武城、夏津等处分销者均随各境分运	18	
泰安县	14353	3517	陆运经历城、长清、肥城入本境	18	泰安府
肥城县	6689	1639	陆运经历城、长清入本境；水运经历城、长清、齐河入本境之傅家岸等卸地，车运各集	18	
东平州	6049	1482	陆运经历城、长清、齐河、肥城、平阴、东阿入本境；水运经历城、长清、齐河、肥城、平阴、东阿入本境	19	

（续表）

引地	引额（引）	引课（两）	运道	盐价（文／斤）	
东阿县	4684	1147	陆运经历城、长清、齐河、肥城、平阴入本境；水运经历城、长清、齐河、肥城、平阴至东阿之南桥卸地，车运各集	18	泰安府
平阴县	2201	539	陆运经历城、长清、齐河、肥城入本境；水运经历城、长清、齐河、肥城入本境	18	
滋阳县	10179	2494	陆运经历城、长清、泰安、宁阳入本境；水运经历城、长清、齐河、肥城、平阴至东阿之南桥鱼山卸地，复车运经东阿、东平、汶上入本境	19	兖州府
曲阜县	5478	1342	陆运经历城、长清、泰安入本境；水运至南桥鱼山，车运经东阿、东平、汶上入本境	19	
宁阳县	5823	1427	陆运、水运同曲阜	19	
邹县	6348	1555	陆运经历城、长清、肥城、泰安、宁阳、滋阳入本境；水运至南桥鱼山，车运经东阿、东平、汶上、滋阳入本境；又南桥上车运至阳谷县之阿城镇入园并包，由运河经东平、寿张、汶上至济宁之鲁桥，过坝，入本境	19	
泗水县	2282	559	陆运经历城、长清、泰安、曲阜入本境	19	
滕县	8024	1966	陆运经历城、长清、肥城、泰安、宁阳、滋阳、邹县入本境；水运至南桥鱼山，车运阿城，复用船运，由运河经东平、寿张、汶上、济宁至鱼台之石家口卸地，过坝，兑船渡湖入本境；又船运由阿城至沛县之夏镇并北戚城车运入本境；又船运至峄县南交界得胜庄，车运入本境	19	

（续表）

引地	引额（引）	引课（两）	运道	盐价（文／斤）	
峄县	2551	625	陆运经历城、长清、肥城、泰安、宁阳、滋阳、邹县、滕县入本境；水运至南桥鱼山，车运阿城，复用船运，由运河经东阿、东平、寿张、汶上、济宁、嘉祥、鱼台、滕县、沛县至韩庄闸卸地，分发各集	20	兖州府
汶上	9061	2220	陆运经历城、长清、肥城入本境；水运至南桥鱼山，车运阿城，复用船运，由运河经东阿、东平、寿张入本境；又由南桥车运经阳谷、寿张、郓城入本境	19	
阳谷县	8839	2166	陆运经历城、长清、齐河、平阴、东阿入本境；水运至南桥鱼山卸地，车运本境	18	
寿张县	4669	1144	陆运经历城、长清、齐河、平阴、肥城入本境；水运至南桥鱼山卸地，车运本境	19	
金乡县	5373	1316	陆运经历城、长清、肥城、泰安、宁阳、汶上、嘉祥、济宁入本境；水运至南桥鱼山，车运阿城，复用船运，由运河经东平、汶上、济宁入本境；又南桥车运至东平、汶上、寿张、嘉祥入本境	20	济宁州
鱼台县	10107	2477	陆运经历城、长清、泰安、宁阳、滋阳、济宁、金乡入本境；水运至南桥鱼山，车运阿城，复用船运，由运河经汶上、济宁入本境	20	
济宁州	16257	3984	陆运经历城、长清、肥城、泰安、宁阳、滋阳入本境；水运至南桥鱼山，车运阿城，复用船运，经东平、寿张、汶上入本境；又一路由南桥车运，经过东阿、阳谷、东平、汶上入本境	19	

（续表）

引地	引额（引）	引课（两）	运道	盐价（文/斤）	
嘉祥县	3511	862	陆运经历城、长清、泰安、宁阳、济宁入本境；水运至南桥鱼山，车运阿城，复用船运，由运河经、东平、邹城、汶上、济宁入本境；又由南桥转至阿城船运，经东阿、东平、汶上至济宁之寺前铺或安居，车运本境	19	济宁州
菏泽县	9460	2318	水运至南桥鱼山，复车运，经东阿、阳谷、寿张、东平、范县、郓城、濮州入本境；又由南桥车运至阿城，由阿城上船，入毛线河，经阳谷、寿张、范县、濮州入本境；又由阿城船运，由运河经东平、寿张、汶上至济宁之安居，复车运，经嘉祥、金乡、巨野、定陶入本境	20	曹州府
曹县	13726	3363	陆运经历城、长清、泰安、宁阳、济宁、金乡、单县、成武入本境；水运至南桥鱼山，车运阿城，复用船运至安居，又复车运，由金乡、单县、成武入本境；或由南桥车运，经东阿、东平、寿张、郓城、巨野、濮州、菏泽、定陶入本境	20	
定陶县	2688	658	陆运经长清、泰安、宁阳、济宁、嘉祥、巨野入本境；水运至南桥鱼山，车运阿城，复用船运至安居，仍车运，由嘉祥、巨野、金乡、成武入本境；又由南桥车运，经阳谷、寿张、东平、范县、郓城、濮州、菏泽入本境	20	
单县	13927	3413	陆运经历城、长清、泰安、宁阳、嘉祥、金乡入本境；水运至南桥鱼山，车运阿城，复用船运至安居，仍车运，经金乡入本境；又由南桥车运，经东平、寿张、汶上、嘉祥、金乡入本境	20	

（续表）

引地	引额（引）	引课（两）	运道	盐价（文/斤）	
成武县	3142	770	陆运经长清、泰安、宁阳、济宁、嘉祥、巨野、金乡、单县入本境；水运至南桥鱼山，复车运，经阳谷、寿张、东平、郓城、巨野、金乡、单县入本境；又由南桥车运阿城，复船运安居，仍复车运，由嘉祥、巨野、金乡、单县入本境	20	曹州府
巨野县	4952	1213	陆运经历城、长清、齐河、平阴、东阿、东平、寿张、汶上、郓城入本境；水运至南桥鱼山后，复车运，经东阿、东平、汶上、寿张、郓城入本境	20	
郓城县	8240	2019	陆运经历城、齐河、庄平、东阿、阳谷、寿张入本境；水运至南桥鱼山，复车运，经阳谷、寿张入本境	20	
濮州	6136	1503	陆运经历城、长清、齐河、肥城、平阴、东阿、寿张、朝城、范县入本境；水运至南桥鱼山，复车运，经阳谷、寿张、范县入本境	20	
范县	2365	579	陆运经历城、长清、齐河、肥城、平阴、东阿、寿张入本境；水运至南桥鱼山，复车运，经阳谷、寿张、东平入本境	19	
观城县	2120	522	陆运经历城、长清、齐河、肥城、平阴、东阿、阳谷、朝城、范县入本境；水运至鱼山，复车运，经阳谷、朝城入本境	19	
朝城县	4788	1173	陆运经历城、长清、齐河、茌平、聊城、莘县入本境；水运至南桥鱼山后车运，经阳谷入本境	19	

（续表）

引地	引额（引）	引课（两）	运道	盐价（文/斤）	
聊城县	6021	1475	陆运经历城、长清、齐河、茌平入本境；水运经历城、长清、齐河、肥城至平阴之于家窝卸地，车运入本境	18	东昌府
堂邑	6275	1537	陆运经历城、长清、齐河、茌平、聊城入本境；水运至于家窝，复上车，经聊城入本境	18	
博平县	3861	946	陆运同聊城；水运至南桥鱼山，车运阿城，又船运，经阳谷、聊城、堂邑入本境	18	
茌平县	4674	1145	陆运经历城、长清、齐河入本境；水运至于家窝，复上车，经东阿入本境	18	
清平县	5497	1347	陆运经历城、长清、齐河、禹城、高唐入本境；水运至南桥鱼山，车运阿城，又船运经聊城、堂邑入本境	18	
莘县	3263	799	陆运经历城、长清、齐河、茌平、聊城入本境；水运至于家窝，车运经聊城入本境	18	
冠县	9249	2266	陆运经历城、齐河、禹城、恩县、夏津、直隶清河县、高唐、临清入本境；又陆运经历城、齐河、禹城、高唐、临清、直隶清河、南宫、威县入中兴集，分发各集；水运至于家窝，车运经茌平、聊城、堂邑入本境	18	
馆陶县	10159	2489	陆运经历城、长清、齐河、茌平、聊城、堂邑、冠县入本境；水运至于家窝，车运经茌平、聊城、堂邑、冠县入本境	18	
高唐州	4943	1211	陆运经历城、齐河、茌平入本境	18	
恩县	10739	2631	陆运经历城、齐河、禹城、平原入本境	18	

（续表）

引地	引额（引）	引课（两）	运道	盐价（文/斤）	
临清州	9855	2415	陆运经历城、齐河、禹城、高唐、清平入本境；水运至南桥鱼山，车运阿城，仍船运，由运河经聊城、堂邑、清平入本境	18	临清州
邱县	3510	860	陆运经历城、齐河、禹城、高唐、清平、临清、直隶清河、南宫、威县入本境；又一路经历城、长清、齐河、茌平、聊城、堂邑、冠县、馆陶入本境；水运至于家窝卸地，车运经茌平、堂邑、聊城、清平、临清、馆陶入本境	18	
夏津县	3458	847	陆运经历城、齐河、禹城、高唐入本境；水运至南桥鱼山，车运阿城，仍船运，经阳谷、聊城、堂邑、清平、博平、临清入本境	18	
武城县	2810	688	陆运经历城、齐河、禹城、平原、恩县入本境；水运至南桥鱼山，车运阿城，仍船运，由聊城、堂邑、清平、临清入本境	18	
商丘县	16496	4412	陆运经历城、长清、齐河、肥城、东平、汶上、济宁、金乡、单县之董家口渡黄入本境；水运至南桥鱼山，车运阿城，仍船运至安居，又车运经金乡、单县董家口渡黄，觅车，经虞城入本境；又西路由金乡之羊山集，过巨野、嘉祥边界，转至董家口渡黄入本境	24	河南归德府
宁陵县	6030	1477	陆运经历城、长清、齐河、肥城、平阴、东平、汶上、宁阳、济宁、金乡、单县至曹县之刘家口渡黄，复车运，经商丘、虞城、考城入本境；水运至南桥鱼山，车运阿城，仍船运至安居，又车运经金乡、单县至曹县之刘家口渡黄，复车运，经商丘、虞城、考城入本境	24	

（续表）

引地	引额（引）	引课（两）	运道	盐价（文／斤）	
睢州	10391	2546	水运至南桥鱼山，车运阿城，仍船运至安居，又车运至刘家口渡黄，车运经宁陵入本境	24	河南归德府
永城县	14344	3515	陆运经长清、泰安、宁阳、济宁、鱼台，至砀山之李、汪、郭等口卸地渡黄，由河南装车经砀山入本境；又陆运经长清、肥城、平阴、东平、汶上、宁阳、济宁、金乡、鱼台、丰县，仍至砀山之李、汪、郭等口卸地渡黄，仍装车由砀山入本境；水运至南桥鱼山，车运阿城，由运河上船，经寿张、东平、汶上、济宁，至鱼台之南阳镇卸地装船，出湖，至外场卸地上车，经丰县至砀山之李、汪、郭、徐、叶家等口岸卸地，又装船过黄河，由河南装车，仍由砀、萧、夏等县入本境	24	
虞城县	4237	1318	陆运经历城、长清、齐河、肥城、东平、汶上、济宁、金乡、单县董家口渡黄，车运入本境；水运至南桥鱼山，车运阿城，复船运安居，又车运董家口渡黄，陆运入本境	24	
夏邑县	8310	2316	陆运经历城、长清、齐河、泰安、滋阳、宁阳、济宁、鱼台，至李家口渡黄，由河南车运，经砀山入本境；水运至南桥鱼山，车运阿城，复船运安居，又车运经金乡、单县，至董家口渡黄，又车运过虞城入本境	24	
柘城县	7476	1832	陆运经历城、长清、齐河、肥城、东平、汶上、济宁、金乡、单县董家口渡黄，车运入本境；水运至南桥鱼山，车运阿城，复船运安居，又车运董家口渡黄，仍陆运过虞城、商丘入本境；又西路由金乡之羊山集，至董家口渡黄，车运入本境	24	

（续表）

引地	引额（引）	引课（两）	运道	盐价（文/斤）	
鹿邑县	21862	5357	陆运经历城、长清、齐河、肥城、平阴、汶上、济宁、金乡、单县，至董家口渡黄，车运入本境；水运至南桥鱼山，车运阿城，复船运安居，又车运经金乡至单县，至董家口渡黄，又车运经虞城、商丘入本境；又西路由金乡之羊山集，经巨野、嘉祥边界，转至董家口渡黄入本境	24	河南归德府
考城县	3114	763	水运至南桥鱼山，车运阿城，复船运安居，又车运经金乡、曹县入本境；又由南桥车运，经东平、寿张、郓城、菏泽、定陶、曹县入本境	24	河南卫辉府
宿州	20893	5120	水运至鱼山南桥，车运阿城，又船运南阳卸地，装船出湖，至外场卸地后，复车运经丰县、砀山之李、汪、郭等口岸卸地渡黄，仍由砀、萧、夏车运入本境；又一路由阿城船运，至夏镇卸地，过南坝，船运由微山湖经铜山之坨城卸地，复车运至黄河口渡黄，至南岸下洪落地，又车运由萧县界入本境；又由坨城运至王家山、蔺山分发宿州迤北各集场	24	安徽凤阳府
丰县	9737	2386	陆运经历城、长清、肥城、平阴、东阿、汶上、济宁、金乡、鱼台入本境；水运至南桥鱼山，车运阿城，又由运河装船，运至夏镇，分发各集市	24	
沛县	11175	2738	陆运经历城、长清、泰安、宁阳、滋阳、邹县、滕县入本境；水运至南桥鱼山，车运阿城，又船运南阳卸地出湖，至外场，车运入本境	24	

（续表）

引地	引额（引）	引课（两）	运道	盐价（文/斤）	
萧县	8274	2027	水运至鱼山南桥，车运阿城，又船运夏镇，过坝入湖，至铜山荣家沟卸地，车运萧县管粥集渡黄入本境；又一路由鱼台之南阳入湖，或峄县之韩庄闸俱转荣家沟卸地，车运萧县管粥集渡黄入本境	24	江苏徐州府
砀山县	9702	2377	陆运经历城、长清、泰安、宁阳、滋阳、济宁、鱼台至李家口渡黄，车运入本境；水运至鱼山南桥，车运阿城，又船运南阳卸地，装船出湖，至外场卸地，又车运过丰县，至李、汪、徐、叶等口岸卸地渡黄，车运入本境	24	
铜山县	20007	4903	水运至鱼山南桥，车运阿城，仍用船，由运河经东平、汶上、济宁、嘉祥、鱼台、滕县，至沛县之夏镇过坝入湖，或至峄县之韩庄闸卸地过湖，车运入本境；又由阿城船运，由运河至鱼台之南阳转湖，过沛县，车运入本境	24	

注：资料来源于《嘉庆盐法志》卷十一《转运下》。

票盐（商运）运输表格						
掣配地	票地	票额	票课（两）	运道	盐价（文/斤）	
永阜	章丘县	红扒额票 10256 张	2288	水运过蒲关，至县境土城卸地，车运至县	14	济南府
	邹平县	红扒额票 3000 张	669	水运过蒲关，至滨州开河卸地，车运经高苑、齐东、长山至县	14	济南府
	齐东县	红扒额票 4000 张	892	水运过蒲关至县	13	济南府
	济阳县	红扒额票 7000 张	1562	水运同齐东	13	济南府
	临邑县	红扒额票 4024 张	898	水运过蒲关，至济阳万家店卸地，车运至县	13	济南府
	新泰县	红扒额票 3550 张	792	水运过蒲关、泺关卸地，车运经历城、长清、泰安至县	17	泰安府
	莱芜县	红扒额票 4000 张	1108[①]	水运过蒲关，至齐东延安镇卸地，车运至章丘埠村开包入袋，驮运至县	16	泰安府
	青城县	红扒额票 1800 张	401	水运过蒲关至县	13	武定府
	利津县	黑扒额票 1300 张	390	由大清河水运至县	11	武定府
	蒲台县	红扒额票 2800 张	624	水运抵蒲关至县	12	武定府
官台	淄川县	黑扒额票 5298 张	1182	车运经寿光、益都、临淄至县	14	济南府

① 永阜、官台两场票课共 1108 两。

（续表）

掣配地	票地	票额	票课（两）	运道	盐价（文/斤）	
官台	长山县	黑扒额票 5600 张	1249	车运经寿光、益都、临淄至县	16	济南府
	新城县	黑扒额票 2200 张	490	车运同长山	14	济南府
	莱芜县	黑扒额票 966 张	1108[①]	水运过蒲关，至齐东延安镇卸地，车运至章丘埠村开包入袋，驮运至县	16	泰安府
	蒙阴县	黑扒额票 800 张	173	车运经益都至临朐县龙岗镇开包入袋，驮运至县	17	沂州府
	沂水县	黑扒额票 2000 张	866[②]	山路驮运经日照、莒州至县；又车运经益都至临朐县龙岗镇开包入袋，驮运至县	15	沂州府
	益都县	黑扒额票 6057 张	1312	车运经寿光、临淄至县	13	青州府
	博山县	黑扒额票 2179 张	486	车运经寿光、益都、临淄、新城、淄川至县；又西泰二店盐包车运至益都口埠开包入袋，驮运至店	14	青州府
	临淄县	黑扒额票 3400 张	736	车运经寿光至县	13	青州府
	寿光县	黑扒额票 5000 张	1083	车运至县	11	青州府

① 永阜、官台两场票课共 1108 两。

② 涛雒、官台两场票课共 866 两。

（续表）

掣配地	票地	票额	票课（两）	运道	盐价（文/斤）	
官台	昌乐县	黑扒额票 3000 张	650	车运经潍县至县	12	青州府
	临朐县	黑扒额票 4400 张	953	车运经寿光、益都、昌乐至县	13	青州府
	潍县	黑扒额票 3252 张	545	车运至县	12	莱州府
永利	陵县	红扒额票 2498 张	557	车运经海丰、阳信、乐陵、德平至县	14	济南府
	德平县	红扒额票 5473 张	1221	车运经海丰、阳信、乐陵至县	14	济南府
	惠民县	红扒额票 5000 张	1115	车运经沾化至本境	13	武定府
	阳信县	黑扒额票 5100 张	1138	车运经海丰至县	12	武定府
	海丰县	黑扒额票 2500 张	550	车运至县	13	武定府
	乐陵县	黑扒额票 4500 张	1004	车运经海丰、阳信至县	11	武定府
	商河县	黑扒额票 2490 张	555	车运同乐陵	13	武定府
	滨州	红扒额票 4000 张	892	车运经沾化至县	13	武定府
	沾化县	黑扒额票 2000 张	446	车运至县	11	武定府
	高苑县	黑扒额票 1400 张	303	车运经沾化至县	13	青州府
涛雒	兰山县	黑扒额票 3000 张	650	山路驮运经日照、莒州至县	16	沂州府
	郯城县	黑扒额票 1542 张	334	山路驮运经日照、莒州、兰山至县	18	沂州府
	费县	黑扒额票 2050 张	444	山路驮运同郯城	18	沂州府
	莒州	黑扒额票 4600 张	996	山路驮运经日照至州	14	沂州府

（续表）

掣配地	票地	票额	票课（两）	运道	盐价（文/斤）	
涛雒	沂水县	黑扒额票 2000 张	866[1]	山路驮运经日照、莒州至县；又车运经益都至临朐县龙岗镇开包入袋，驮运至县	15	沂州府
	日照县	黑扒额票 1500 张	325	山路驮运至县	12	沂州府
王家冈	博兴县	黑扒额票 2600 张	563	车运经乐安至县	13	青州府
	乐安县	黑扒额票 3000 张	650	车运至县	13	青州府

注：资料来源于《嘉庆盐法志》卷十一《转运下》。

① 涛雒、官台两场票课共 886 两。

票盐（民运）运输表格				
配运盐源	票地	票额	票课（两）	
官台场盐	安丘县	黑扒额票 3171 张	687	青州府
信阳场盐	诸城县	黑扒额票 1618 张	350	青州府
登宁场盐	蓬莱县	黑扒额票 712 张	119	登州府
	黄县	黑扒额票 1427 张	239	登州府
	福山县	黑扒额票 515 张	86	登州府
	栖霞县	黑扒额票 453 张	75	登州府
	宁海州	黑扒额票 910 张	182①	登州府
	文登县	黑扒额票 817 张	137	登州府
	海阳县	黑扒额票 209 张	157②	登州府
	荣成县	黑扒额票 401 张	67	登州府
西由场盐	招远县	黑扒额票 987 张	165	登州府
	掖县	黑扒额票 2642 张	443	莱州府
	平度州	黑扒额票 3063 张	513	莱州府
石河场盐	莱阳县	黑扒额票 2960 张	496	登州府
	宁海州	黑扒额票 177 张	182③	登州府
	海阳县	黑扒额票 733 张	157④	登州府
	胶州	黑扒额票 3000 张	503	莱州府
	高密县	黑扒额票 1263 张	211	莱州府
	即墨县	黑扒额票 2000 张	335	莱州府
富国场盐	昌邑县	黑扒额票 3856 张	646	莱州府

注：资料来源于嘉庆《嘉庆盐法志》卷十一《转运下》。

① 登宁、石河两场票课共 182 两。
② 登宁、石河两场票课共 157 两。
③ 登宁、石河两场票课共 182 两。
④ 登宁、石河两场票课共 157 两。

附录二

山东盐区部分盐业聚落图表①

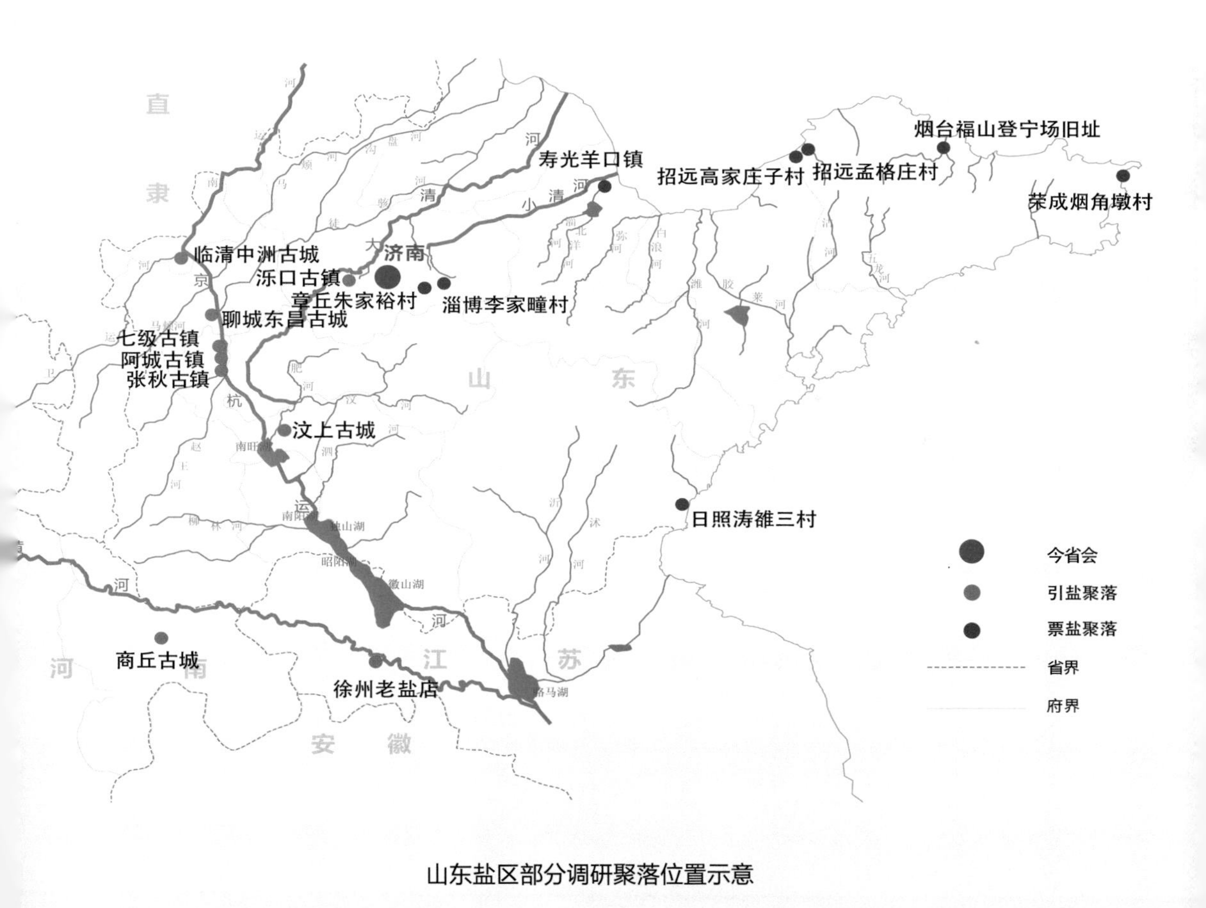

山东盐区部分调研聚落位置示意

① 本图表仅呈现了笔者团队在山东盐区所调研的部分有代表性的盐业聚落。

山东盐区部分盐业聚落表			
名称	地域特征	引盐聚落图照及特征描述	
引盐区（鲁西南、鲁西北地区）			
泺口古镇	位于济南天桥区黄河（下游为明清大清河河道）河畔，是山东引盐的一级分销站		济南泺口镇是原大清河段的水陆运输枢纽，位于济南西北，是省城处理盐业贸易的门户。泺口旧时沿河码头密布、交通便利，清末更是建有轻便铁路，专为运盐之用。古镇仍保有半圆形的街道格局，路网骨架较为方正。泺口不远处尚存清末黄台桥盐码头和铁轨遗址
临清中州古城	位于聊城市北，山东运河与卫河交汇处，是运河北段重要的食盐转运城镇		临清的繁荣与运河的开通息息相关，卫河和会通河在此交汇，两河包围的中州古城是临清重要的商业区，汇聚了贩运长芦盐与山东盐的外地引商。清朝在此设有位列全国九大钞关之首的临清运河钞关。临清商业兴隆，当地商贾甚至“多于居民者十倍”。如今存有清代临清钞关遗址以及几栋外地商人故居
聊城东昌古城	位于今聊城市区，明清两代因紧邻山东运河，成为南来北往的一大都会		东昌古城在明清时期曾为古运河沿线著名商埠，是山东引盐自运河北运的必经之处。古城四方且周边环水，内部则由南北与东西两条笔直大街一分为四，正中建有光岳楼，格局方正严谨，体现出因漕运与盐运而兴的气派与繁盛。东昌城“殷商大贾，晋人为多”，西商在运河岸边建立了华丽异常的山陕会馆

（续表）

名称	地域特征	引盐聚落图照及特征描述	
七级古镇	位于山东阳谷县境内，是运河北段的著名商运码头		七级镇古称毛镇，后因建有石阶七级古渡得名。大运河穿镇而过，是山东引盐北运的必经之地。现存七级运河古街、古渡口遗址及大运河水工遗址七级上、下闸各一处
阿城古镇	位于山东阳谷县境内，是由大清河转运大运河的重要盐运码头	 	阿城古镇是山东运河段重要的盐码头，为大清河段转至大运河段的必经之所，镇中曾有十三家盐园和东、西、南、北四座商人会馆。明清时期的阿城山陕盐商占籍大半，现存盐商们捐建的海会寺和运司会馆，为山西盐商出资、官方督建，以管理运河盐务。此外，阿城尚有大运河水工遗址阿城上、下闸各一处
张秋古镇	位于山东阳谷县境内，是运河上地处济宁与临清之间的盐运码头		张秋古镇位于会通河与大清河交汇处，历史上曾称张秋口、安平镇，居济宁与临清之间，为南北及东西交通之枢纽、运河上重要的盐运码头。自泺口运盐的外籍引商都通过大清河从张秋转入运河，现存山陕商人所建的关帝庙，虽经过修整，大体格局尚在。此外，张秋尚有大运河水工遗址荆门上、下闸各一处

（续表）

<table>
<tr><th>名称</th><th>地域特征</th><th colspan="2">引盐聚落图照及特征描述</th></tr>
<tr><td>汶上古城</td><td>位于济宁市北部，因京杭运河山东段著名的水利工程——汶上分水枢纽及龙王庙而出名</td><td></td><td>明代为解决山东运河段水源不足的问题，分水枢纽自济宁移至汶上，汶泗河水被导入汶上再南北分流，“七分朝天子、三分下江南”。正因汶上有如此复杂的治水工程和闸口，商人在此耗时长、停留久，汶上因此成为南运盐商中转休憩的节点。汶上县现存分水龙王庙遗址与柳林闸等闸口</td></tr>
<tr><td colspan="4">引盐区（山东盐区范围内的苏皖豫部分）</td></tr>
<tr><td>徐州老盐店</td><td>位于徐州户部山，为明清山东南运引盐在苏北地区的存放之所</td><td></td><td>徐州铜山是山东引盐沿运河南运的节点城镇。清朝曾为运河旁，因受黄河泛滥侵扰，运河绕开徐州，开泇河至台儿庄。徐州因此地位大不如前，但山东盐运仍沿旧制，改渡过黄河车运至铜山，徐州仍作为转运节点转销宿州。现存户部山外商宅居群和老盐店遗址</td></tr>
<tr><td>商丘古城</td><td>位于商丘市睢阳区，为明清山东南运引盐在河南地区的车运中转点</td><td></td><td>商丘古城建城历史久远，并曾因隋唐运河大大兴盛，后屡遭兵乱、黄河水患等影响，古城兴衰变迁，历经坎坷。明清时期，商丘为山东南运引盐在河南部分的车运中转点，引盐在商丘盐园堆积，并向西南车运至柘城、鹿邑等地。现商丘古城仍保有水中四方城格局，但因大拆大建，遗存较少</td></tr>
</table>

（续表）

名称	地域特征	票盐聚落图照及特征描述	
商运票盐区（鲁中及鲁西北地区）			
章丘朱家裕村	位于济南章丘区，在票盐运输所经的鲁中官道之上		朱家峪村处在济南、章丘通往淄博地区的陆路线路之上，至今仍完整保存着山区村落建筑格局和石砌建筑风貌，是鲁中山区商业聚落的实例。村内拥有复杂的交通网络，并兼有单轨与双轨青石板路，展现出该村曾经商旅南来北往、商业繁荣的历史
淄博李家疃村	位于淄博市，靠近由历城到青州的东西官道，也是鲁中食盐运输的必经之地		李家疃村是鲁中官道上的票商聚落，为王姓盐商经营盐业的大本营。王家靠贩盐发家，买卖兴隆。村子有南北、东西两条大道，另有牌坊街、当铺街和盐店胡同。王氏家族的九座宅院建在村庄的中轴线上，九门相冲，门楼高大美观，现格局尚存，临街部分保存较好
日照涛雒三村	涛雒三村位于日照涛雒镇，为明清涛雒盐场所在之处，产盐历史久远，商业繁盛		涛雒三村东临黄海，西接鲁西南腹地，自古有鱼盐之利，因盐业和商贸而兴。涛雒既有天然海口泊船通商，又紧邻通向沂蒙腹地的商道，供销鲁中山区的票盐。丁氏为本地最大的商业巨擘。现存丁氏祖居、商号旧址等建筑遗存

（续表）

名称	地域特征	票盐聚落图照及特征描述	
民运票盐区（胶莱平原及胶东半岛区域）			
寿光羊口镇	位于小清河入海口，清末因运送王、官二场之盐而繁荣		羊口镇（羊角沟）起初只是沿海滩地上的一个小渔村，由于位于清末重新疏浚的小清河入海口，商业日渐兴盛，一跃成为莱州湾的鱼盐重镇。1918年，原设在侯镇的盐场官署迁置羊角沟，各地盐商接踵而至，甚至外埠商船也竞相来此通商。如今的羊口镇仍有一望无际的盐田，盐业生产与油田开发并驾齐驱
招远高家庄子村	位于烟台招远，在明清胶东半岛的民运票盐销售区域之内		明清时期，高家庄子村为胶东盐场民运票盐运输的必经之处，也是处在登莱滨海古官道上的典型商业村落。如今村庄仍保留着良好的合院肌理，以关帝庙为中心，形成东西、南北大街的十字形格局，沿街门楼木雕精美，门侧墙上多镶有拴马石，显示出曾经身为商业聚落的富足
招远孟格庄村	位于烟台招远，在明清胶东半岛的民运票盐销售区域之内		孟格庄村与高家庄子村相近，同为登莱滨海古官道上的商业村落和票盐运向登莱地区的必经之处。村中三条南北主街巷将六条东西短巷连接贯通，形成基本街巷格局，现存两户保存较好的老宅院，为清末胶东民居的代表

（续表）

名称	地域特征	票盐聚落图照及特征描述	
烟台福山登宁场旧址	位于烟台市福山区盐场社区，因生产山东票盐销至鲁中、胶东区域而兴		盐场社区为明清登宁场旧址，现社区中的大成栈遗址原为明代登宁场盐场大使所建的盐课司官署。清代登宁场被裁并入西由场后，官署被商人购入，变为民宅，后几经兴衰更替，仅剩今大成栈南北共四进院落留存，又称王氏庄园。庄园格局规整，建筑青瓦屋顶、木质梁架、砖石砌筑，可称清末胶东小型庄园的典型
荣成烟角墩村	位于荣成市北，为胶东地区盐场所产民运票盐销售之地，因临海，当地百姓多私自产小盐，就近销售	 	明清时期的烟角墩村不仅处于民运票盐销售区域，也为百姓自产小盐的胜地。村中民居以胶东沿海地区独有的海草房为特点，其早期分布与民运票盐的行盐范围有很大的重合。盐业区域活动和交流使胶东地区对海草房这种民居形式的认同感不断增强并广泛传播，该村就是最好的实例

参考文献

古籍文献

[01] 查志隆撰，徐琳续补．山东盐法志 [M]．刻本．出版地不详：出版者不详，1590.
[02] 汪砢玉．古今鹾略 [M]．抄本．出版地不详：出版者不详，出版时间不详．
[03] 张廷玉等．明史 [M]．北京：中华书局，1974.
[04] 陆釴等．山东通志 [M]．刻本．出版地不详：出版者不详，1533.
[05] 莽鹄立．山东盐法志 [M]．刻本．出版地不详：出版者不详，出版时间不详．
[06] 崇福修，宋湘纂．山东盐法志 [M]．刻本．出版地不详：出版者不详，1809.
[07] 赵尔巽等．清史稿 [M]．北京：中华书局，1977.
[08] 赵祥星修，钱江等纂 [M]．刻本．出版地不详：出版者不详，1678.
[09] 顾炎武．山东考古录 [M]．刻本．济南：山东书局，1882.
[10] 叶圭绶．续山东考古录 [M]．刻本．济南：山东书局，1882.
[11] 永泰．续登州府志 [M]．刻本．出版地不详：出版者不详，1742.
[12] 严有禧．莱州府志 [M]．刻本．出版地不详：出版者不详，1740.
[13] 何乐善修，萧劼、王积熙纂．福山县志 [M]．刻本．出版地不详：出版者不详，1763.

著作

[01] 赵逵. 历史尘埃下的川盐古道 [M]. 上海：东方出版中心，2016.

[02] 赵逵. 川盐古道：文化线路视野中的聚落与建筑 [M]. 南京：东南大学出版社，2008.

[03] 赵逵，张晓莉. 中国古代盐道 [M]. 成都：西南交通大学出版社，2019.

[04] 赵逵，邵岚. 山陕会馆与关帝庙 [M]. 上海：东方出版中心，2015

[05] 赵逵，白梅. 福建会馆与天后宫 [M]. 南京：东南大学出版社，2019.

[06] 丁援，宋奕. 中国文化路线遗产 [M]. 上海：东方出版中心，2015.

[07] 郭正忠. 中国盐业史（古代编）[M]. 北京：人民出版社，1997.

[08] 纪丽真. 明清山东盐业研究 [M]. 济南：齐鲁书社，2009.

[09] 山东省盐务局. 山东省盐业志 [M]. 济南：齐鲁书社，1992.

[10] 张长顺. 天下徽商·盐商卷 [M]. 北京：中国文史出版社，2008.

[11] 张礼恒，吴欣，李德楠. 鲁商与运河商业文化 [M]. 济南：山东人民出版社，2010.

[12] 王云. 明清山东运河区域社会变迁 [M]. 北京：人民出版社，2006.

[13] 谭景玉，张晓波. 古代鲁商文化史料汇编 [M]. 济南：山东人民出版社，2010.

[14] 姚汉源 . 京杭运河史 [M]. 北京：中国水利水电出版社，1998.
[15] 白寿彝 . 中国交通史 [M]. 武汉：武汉大学出版社，2012.
[16] 黄河水利委员会山东河务局 . 山东黄河志 [M]. 济南：山东新华印刷厂，1988.
[17] 政协济宁市委员会文史资料研究委员会 . 济宁文史资料（第四辑：工商史料专辑）[M]. 济宁：山东省济宁市第二印刷厂，1987.
[18] 临清市政协文史资料委员会 . 临清文史（第四辑）[M]. 聊城：山东省出版总社聊城分社，1990.
[19] 李晓峰 . 乡土建筑——跨学科研究理论与方法 [M]. 北京：中国建筑工业出版社，2005.
[20] 陈志华，李秋香 . 中国乡土建筑初探 [M]. 北京：清华大学出版社，2012.
[21] 陆元鼎，杨谷生 . 中国民居建筑 [M]. 广州：华南理工大学出版社，2003.
[22] 刘森林 . 中华民居：传统住宅建筑分析 [M]. 上海：同济大学出版社，2009.
[23] 孙运久 . 山东民居 [M]. 济南：山东文化音像出版社，1999.
[24] 李万鹏，姜波 . 齐鲁民居 [M]. 济南：山东文艺出版社，2004.
[25] 李仲信 . 山东传统民居村落 [M]. 北京：中国林业出版社，2018.
[26] 张勇 . 和谐栖居——齐鲁民居户牖 [M]. 济南：山东美术出版社，2012.

学位论文

[01] 纪丽真．明清山东盐业研究 [D]．济南：山东大学，2006.

[02] 丁援．无形文化线路理论研究——以历史文化名城武汉考评为例 [D]．武汉：华中科技大学，2009.

[3] 刘乐．川盐古道鄂西北段沿线上的聚落与建筑研究 [D]．武汉：华中科技大学，2017.

[04] 张晓莉．淮盐运输沿线上的聚落与建筑研究——以清四省行盐图为蓝本 [D]．武汉：华中科技大学，2018.

[05] 张颖慧．淮北盐运视野下的聚落与建筑研究 [D]．武汉：华中科技大学，2020.

[06] 郭思敏．山东盐运视野下的聚落与建筑研究 [D]．武汉：华中科技大学，2020.

[07] 肖东升．两浙盐运视野下的聚落与建筑研究 [D]．武汉：华中科技大学，2020.

[08] 匡杰．两广盐运古道上的聚落与建筑研究 [D]．武汉：华中科技大学，2020.

[09] 王特．长芦盐运视野下的聚落与建筑研究 [D]．武汉：华中科技大学，2020.

[10] 陈创．河东盐运视野下的陕、晋、豫三省聚落与建筑演变发展研究 [D]．武汉：华中科技大学，2020.

[11] 朱年志．明代山东水陆物资运输探析 [D]．曲阜：曲阜师范大学，2007.

[12] 尹强．明清山东大、小清河水路运输考论（1368—1911）[D]．广州：暨南大学，2013.

[13] 胡雪．明清时期鲁商研究 [D]．济南：山东师范大学，2017.

[14] 宋志东．近代山东商人的经营活动及其经营文化［D］．济南：山东大学，2008.

[15] 刘金颖．山东地区会馆研究（1660—1950）［D］．济南：山东大学，2015.

[16] 赵鹏飞．山东运河传统建筑综合研究［D］．天津：天津大学，2013.

[17] 任家永．鲁西民居合院的空间形态分析及实验性研究——以阳谷县传统民居囤形屋为例［D］．武汉：武汉纺织大学，2015.

[18] 张晓楠．鲁中山区传统石砌民居地域性与建造技艺研究［D］．济南：山东建筑大学，2014.

[19] 王梦寒．鲁西北地区民居建筑的地域文化研究［D］．济南：山东建筑大学，2014.

[20] 李士博．济南山区传统民居研究［D］．济南：山东建筑大学，2014.

[21] 李丽明．聊城地区传统民居文化研究［D］．哈尔滨：东北林业大学，2012.

[22] 王新磊．淄博园林史研究［D］．天津：天津大学，2017.

[23] 金月梅．胶东沿海乡村聚落海洋文化初探［D］．青岛：青岛理工大学，2009.

[24] 邱王豫．金口海商文化传统村落形态及建筑特征研究［D］．青岛：青岛理工大学，2018.

[25] 孙夏．济南朱家峪古村落聚落空间形态研究［D］．济南：山东建筑大学，2011.

期刊会议论文

[01] 赵逵，杨雪松．川盐古道与盐业古镇的历史研究 [J]. 盐业史研究，2007(2).

[02] 赵逵，张钰，杨雪松．川盐文化线路与传统聚落 [J]. 规划师，2007(11).

[03] 杨雪松，赵逵．“川盐古道”文化线路的特征解析 [J]. 华中建筑，2008(10)：211-214.

[04] 杨雪松，赵逵．潜在的文化线路——“川盐古道” [J]. 华中建筑，2009，27(3).

[05] 赵逵，桂宇晖，杜海．试论川盐古道 [J]. 盐业史研究，2014(3).

[06] 赵逵．川盐古道上的传统民居 [J]. 中国三峡，2014(10).

[07] 赵逵．川盐古道上的传统聚落 [J]. 中国三峡，2014(10).

[08] 赵逵．川盐古道上的盐业会馆 [J]. 中国三峡，2014(10).

[09] 赵逵．川盐古道的形成与线路分布 [J]. 中国三峡，2014(10).

[10] 赵逵，张晓莉．江苏盐城安丰古镇 [J]. 城市规划，2015，39(12).

[11] 赵逵，张晓莉．江苏盐城富安古镇 [J]. 城市规划，2017，41(6).

[12] 赵逵，张晓莉．江西抚州浒湾古镇 [J]. 城市规划，2017，41(10).

[13] 赵逵，刘乐，肖铭．湖北房县军店老街 [J]. 城市规划，2018，42(1).

[14] 赵逵，张晓莉．淮盐运输线路及沿线城镇聚落研究 [J]. 华中师范大学学报：自然科学版，2019，53(3).

[15] 赵逵，王特．长芦盐运线路上的聚落与建筑研究 [J]. 智能建筑与智慧城市，2019(11).
[16] 赵逵，白梅．安徽省六安市毛坦厂古镇 [J]. 城市规划，2020，44(1).
[17] 赵逵，程家璇．江西省九江市永修县吴城古镇 [J]. 城市规划，2021，45(9).
[18] 王赛时．明清时期的山东盐业生产状况 [J]. 盐业史研究，2005(1).
[19] 蒋大鸣．中国盐业起源与早期盐政管理 [J]. 盐业史研究，1996(12).
[20] 臧文文．从历史文献看山东盐业的地位演变 [J]. 盐业史研究，2011(1).
[21] 纪丽真．20 世纪以来山东盐业研究综述 [J]. 盐业史研究，2014(1).
[22] 纪丽真．清代山东盐业的管理体系及其盐商组织 [J]. 盐业史研究，2009(2).
[23] 纪丽真．清代山东食盐运销的主要形式考述 [J]. 理论学刊，2008(11).
[24] 邓军．川盐古道研究刍论——基于川盐古道的实地考察 [J]. 盐业史研究，2015(2).
[25] 朱年志．明代山东主要物资运道——山东运河的贯通概述 [J]. 沧桑，2010(4).
[26] 董建霞．黄河与近代济南社会变迁研究 [J]. 中共济南市委党校学报，2017(2).
[27] 王云．明清山东运河区域社会变迁的历史趋势及特点 [J]. 东岳论丛，2008(3).

[28] 王云．明清时期活跃于山东运河区域的客籍商帮［C］．余金保．第十届明史国际学术讨论会论文集．北京：人民日报出版社，2005：252-262.

[29] 宋文鹏，李世芬，赵嘉依．山东传统村落空间分布演变及其影响因素研究［J］．装饰，2018(6).

[30] 杜聪聪，赵虎．泺口古镇的历史演变与保护发展策略研究——基于济南“携河”发展规划的思考［J］．遗产与保护研究，2018(11).

[31] 岳宗福，时建利，蒋海清．近代小清河流域重要集镇研究［J］．发展论坛，1997(12).

[32] 郑民德，李永乐．明清山东运河城镇的历史变迁——以阿城、七级为视角的历史考察［J］．中国名城，2013(9).

[33] 沈中健，赵学义．齐鲁文化背景下的山东建筑文化概述［J］．建筑与文化，2016(8).

[34] 于少侨．山东民居建筑构造地域特色［J］．山西建筑，2016，42(18).

[35] 黄永健．传统民居建筑空间的营造特征——以山东古村落传统民居空间形制为例［J］．艺术百家，2013，29(S2).

[36] 王云．明清山东运河区域的商人会馆［J］．聊城大学学报：社会科学版，2008(6).

[37] 胡梦飞．明清时期徐州地区的商人会馆［J］．寻根，2018(5).

[38] 赵鹏飞，宋昆．山东运河传统民居研究——以临清传统店铺民居和大院民居为例［J］．建筑学报，2012(S1).

[39] 王少伶，隋杰礼．山东庄园式传统民居建筑的防卫模式初探［J］．工业建筑，2013，43(1).

[40] Guo Li, Wenmin Hu. A network-based approach for landscape integration of traditional settlements: A case study in the Wuling Mountain area, southwestern China[J]. *Land Use Policy*, 2019, 83.

[41] June Wang. Relational heritage sovereignty: authorization, territorialization and the making of the Silk Roads[J]. *Territory, Politics, Governance*, 2019（7）.

[42] Li Youzi Dynamic culture reflected in ancient Chinese architecture[J]. *China Week*, 2003（11）.